발간에 부쳐 | 21세기로 접어들면서 인류는 유사 이래 그 어느 때보다도 격렬한 기술 발전을 경험하고 있습니다. 공학기술은 인류의 미래에 대해 무한한 가능성을 열어 주고 있지만, 핵폭탄, 환경오염에 따른 생태 파괴, 합성물질의 위험에서 보는 바와 같이 자칫 인류의 생존을 위협할 수도 있습니다.

《공학과의 새로운 만남》 시리즈는 우리의 생활 곳곳에서 숨쉬고 살아있는 공학의 실제 모습을 담고자 기획하였습니다. 실제 우리의 삶에 가장 밀접하게 존재함에도 불구하고 낯설고 멀게만 느껴지던 공학을 대중들이 편안하고 가깝게 느끼도록 해보자는 것입니다.

전통 속의 첨단 공학기술

전통 속의 첨단 공학기술

저자_ 남문현·손욱

1판 1쇄 발행_ 2002. 5. 11.
1판 7쇄 발행_ 2019. 12. 10.

발행처_ 김영사
발행인_ 고세규

등록번호_ 제406-2003-036호
등록일자_ 1979. 5. 17.

경기도 파주시 문발로 197(문발동) 우편번호 10881
마케팅부 031)955-3100, 편집부 031)955-3200, 팩시밀리 031)955-3111

저작권자 ⓒ 2002 남문현·손욱
이 책의 저작권은 저자에게 있습니다. 서면에 의한 저자와 출판사의 허락 없이
내용의 일부를 인용하거나 발췌하는 것을 금합니다.

Copyright ⓒ 2002 Nam Moon-hyeun, Sun Wook
All rights reserved including the rights of reproduction
in whole or in part in any form. Printed in Korea.

값은 뒤표지에 있습니다.
ISBN 978-89-349-0954-5 03500

홈페이지_ www.gimmyoung.com   블로그_ blog.naver.com/gybook
페이스북_ facebook.com/gybooks   이메일_ bestbook@gimmyoung.com

좋은 독자가 좋은 책을 만듭니다.
김영사는 독자 여러분의 의견에 항상 귀 기울이고 있습니다.

이 책은 공학기술 정보의 보급과 대중화를 위하여
한국공학한림원과 김영사가 기획 발간하였습니다.

전통 속의 첨단 공학기술

남문현 · 손욱

김영사

전통 문화에서 다시 발견한 첨단 공학기술

우리가 역사를 공부하는 이유는 과거를 돌아봄으로써 오늘을 살아가는 데 필요한 교훈을 얻고 미래를 보다 풍요롭게 하기 위함이다. 지금까지 우리의 역사 교육은 주로 정치, 경제, 사회, 문화사 등에 집중되어 왔으며 과학기술이나 산업에 대한 역사는 교육 과정에서 아예 무시되거나 배려가 적었던 것이 사실이다.

기술이 인류 문명을 발전시킨 가장 중요한 문화적 요인의 하나로서 역사 발전의 원동력이 되어왔음은 우리가 잘 아는 사실이다. 역사적으로 기술의 발전은 칼날의 양면과 같이 인류 사회의 발전에 긍정적인 영향과 부정적인 영향을 동시에 미쳐왔다. 20세기의 산업 사회를 꽃피운 수많은 산업 기술이 대부분의 국가에서는 고도의 경제 성장을 가능하게 하였지만 동시에 빈부 격차와 각종 사회 및 환경 문제를 악화시켜온 것이 대표적인 보기라 할 수 있다.

현재의 정보통신기술의 발달 추세로 미루어 볼 때 21세기는 경제, 사회 및 문화의 국제화가 가속되는 시대가 될 것이 확실하다. 따라서 한 나라에서 개발한 기술은 지금껏 경험해 보지 못했던 엄청난 속도로 다른 나라에 이전되면서 과거에는 상상하지도 못했던 번영과 함께 사회적 불안과 혼란을 초래할 것으로 보인다.

「메가트렌드(Megatrend)」의 저자 네이스빗(John Naisbitt)은 이러한 국제적인 혼돈의 시대의 생존 대책으로 지역화 내지는 부족 중심주의 전략을 제시하고 있다. 이는 국제화 현상에 대한 반작용이라고 할 수 있다. 역사적·문화적 배경을 토대로 하여 국가나 민족, 지역 고유의 기술과 제도를 개발함으로써 개별 국가나 민족, 또는 지역의 정체성을 확립하고 강화시켜야 한다는 주장이다.

현재 우리가 처한 현실을 타개하고 기술혁명 시대에 생존할 수 있는 방안의 하나로 이러한 주장에 귀를 기울여 볼 만하다.

우리 한민족은 지난 반만 년에 걸쳐 개발한 수많은 과학기술과 문화유산을 간직하고 있다. 이는 한민족의 정체성을 이루는 토대로서 다음 세기 한민족의 번영을 보장하는 열쇠가 될 것이다. 이러한 점에서 우리 고유의 과학기술과 문화유산을 기술사적(技術史的) 관점에서 연구하고 개발해야 할 타당성은 충분하고도 남음이 있다. 최근에는 전통 과학 기술을 비롯하여 20세기 이후 우리의 과학 및 산업 기술의 역사 자료를 한 자리에 모아 놓으려는 시도가 사회 일각에서 이루어지고 있다. 이 가운데 하나가 정부에서 추진하고 있는 국립과학관 건립계획이다.

이 책은 사단법인 한국산업기술사학회의 학술 활동 가운데 우리 나라의 과학기술 문화유산에 대하여 필자들이 신문, 잡지 등에 기고했던 글을 정리하여 모은 것이다. 본 학회는 산업 기술의 탐구, 전통 기술의 발굴, 기술 문화의 창조를 목표로 1999년 11월에 창립된 연구단체이다.

 이 책에서는 첨단 기술 시대의 생존 전략으로서의 전통 과학기술의 발굴과 재창조를 위한 노력의 전략적인 측면을 다음과 같이 정리하였다.

 첫째, 한민족 고유의 과학기술 유산 가운데 대표적인 유물 속에 숨어 있는 공학적 요소를 발굴하여 그 현대적 의미를 조명하여 보았다. 그리고 사라진 수많은 기술 문화 유산을 복원함으로써 우리 문화의 정체성을 높일 수 있는 방안도 아울러 살펴보았다.

 둘째, 조선 왕조의 건국 이후 우리 과학기술 발전의 토대를 이루는 데 기여한 인물들을 통하여 전통적인 동아시아 과학기술의 토착화를 살펴보았다. 또한 임진왜란 이후 중국을 통하여 서양 과학기술이 수입되어 조선 사회에 전파되는 과정을 대표적인 실학자들의 활약과 업적을 중심으로 고찰하였다. 이러한 시도는 우리 전통 기술의 국제적인 위상을 확인함과 동시에 널리 홍보하여 기술 문화 발전에 기여할 수 있다는 생각을 전제로 한 것이다.

 글의 말미에는 다가올 기술혁명 시대에 대비하는 전략의 하나로 첨단 기술과 전통 기술의 조화와 접목을 시도하여 사라지는 문화유산을 한 자리에 모아 전시하고 보존할 수 있는 산업역사박물관의 필요성에 대한 글을 실었다.

 이 책에서 논의한 주제들이 한국의 기술 문화를 형성하는 데 결정적으로 기여한 유물이나 역사적 사건의 전부라고는 감히 말할 수 없다. 이것들은 극히 일부일 뿐이다. 다만 공학을 전공한 필자들의 입장에서 비교적 우리에게 낯익은 주제와 연구 결과들을 골라 기술사적 관점에서 해석을 시도하고 설명하려고 노력하였다. 포항공과대학교의 염영일 교수는 포석정, 첨성대, 다보탑과 석가탑, 석굴암 항목을 맡아 원고를 써주셨는데 저자가 되는 것을 한사코 거절하여 부득이 두 사람이 필진을 대표하게 되었다. 그밖에 김명호(성균관대학교)·김지인(건국대학교)·이용삼(충북대학교) 교수와 김상혁(한국과학사물연구소) 선생은 박규수와 남병철 항목 집필에 많은 기여를 해주셨음을 밝혀둔다.

앞으로 더 많은 유물이나 역사적 사건들이 포함될 수 있도록 끊임없는 노력을 기울일 것을 약속하며, 이 작은 책자가 우리의 과학기술 문화를 이해하고 창조하려는 사람들에게 다소나마 도움이 되기를 바라는 마음 간절하다. 이 책에서 다룬 주제들에 대하여 다른 견해나 해석은 얼마든지 가능하다. 관련된 논의와 비판을 겸허한 자세로 받아들일 것을 약속하며, 강호제현의 끊임없는 지도와 편달을 바라는 바이다.

이 책을 기획하고 출판하는 데 노고를 아끼지 않으신 한국공학한림원 이기준 회장과 김영사의 박은주 사장께 깊은 사의를 드린다.

2002년 4월

남문현·손욱

CONTENTS

머리말 _ 전통문화에서 다시 발견한 첨단 공학기술

1 전통 속의 공학기술

▌금속공학
청동거울 | **13**
가야의 철제 갑옷 | **17**
성덕대왕 신종 | **21**

▌시계 및 시간 측정
자동 물시계 | **63**
앙부일귀 | **73**
일성정시의 | **79**
혼천시계 | **84**

▌건축
포석정 | **27**
첨성대 | **30**
다보탑과 석가탑 | **36**
석굴암 | **41**

▌도량형, 측량, 통신, 무기
조선시대의 표준자 | **90**
측우기 | **100**
봉수대 | **107**
화차와 신기전 | **112**

▌인쇄기술
신라의 목판 인쇄기술 | **46**
고려대장경 | **50**
계미자와 갑인자 | **57**

2 기술 문화의 형성과 발전

▌조선 초기의 과학기술
15세기, 세종대왕의 세기 | **117**
세종대왕 | **119**
이천 | **123**
장영실 | **129**

▌서양 중세과학기술의 조선 전래
세계로 열린 창, 연경 | **134**
정두원과 로드리게스의 만남 | **142**
소현세자와 아담 샬의 교유 | **148**
천체 구조설의 조선 전래 | **153**
효종의 시헌력 반포 | **159**
실학자 홍대용 | **165**
서양기하학의 조선 전래 | **182**
정조와 화성 그리고 정약용 | **187**
박규수와 남병철의 과학기술 활동 | **195**

에필로그 _ 기술문화의 대중화를 위한 제언

1 전통 속의 공학기술

금속공학
청동거울 | 가야의 철제 갑옷 | 성덕대왕 신종

건축
포석정 | 첨성대 | 다보탑과 석가탑 | 석굴암

인쇄기술
신라의 목판 인쇄기술 | 고려대장경 | 계미자와 갑인자

시계 및 시간 측정
자동 물시계 | 앙부일귀 | 일성정시의 | 혼천시계

도량형, 측량, 통신, 무기
조선시대의 표준자 | 측우기 | 봉수대 | 화차와 신기전

금속공학

청동거울 | 가야의 철제 갑옷 | 성덕대왕 신종

청동거울에 담긴 불가사의 : 초미세 주조 기술

지금으로부터 2,400여 년 전 청동기시대에 우리 조상들은 오늘날에도 감히 상상할 수 없을 만큼 정교한 청동거울을 만들어 사용했다. 현재 숭실대학교 부설 한국기독교박물관이 소장하고 있는 국보 제141호 잔줄무늬 청동거울(다뉴세문경, 多紐細文鏡)이 바로 그것이다.

이것은 1960년대에 충청남도 지역에서 발견되었으며 한 면은 거울이고 반대 면에는 끈을 꿸 수 있게 꼭지(이것을 뉴(紐)라고 한다)가 두 개 붙어 있는 모양으로, 거기에 새겨진 무늬의 기하학적 구조와 그것을 새긴 주조 기술의 정교함이 우리를 놀라게 한다.

이 무늬는 높이 0.7mm, 폭 0.22mm로 된 13,300개의 세밀한 직선과 100개가 넘는 크고 작은 동심원과 그 원들을 등분하여 만든 직사각형, 정사각형 그리고 삼각형들의 정교한 배열로 이루어져 있다. 이와 같이 머리카락 굵기의 정교한 선이 새겨진 청동기시대의 유물은 다른 나라에서는 발굴된 적이 없다.

기원전 4, 5세기의 청동기시대 사람들은 어떻게 지름이 21cm 밖에 안 되는 원판에 기하학적 디자인으로 그렇게 많은 가는 선들을 촘촘히 돋을새김(양각)하는 기술을 발휘할 수 있었을까? 이것을 보는 사람이라면 이것이 사람이 아닌 '신의 솜씨'라고 설명할 수밖에 없다. 우선, 컴퍼스를 사용하지 않고 100개가 넘는 동심원을 그리기는 불가능했을 것이다. 다음, 정교한 자를 사용하지 않고서는 그렇게 정교한 직선을 그을 수 없다. 이 직선과 원들이 이루는 기하학적 배열은 현대의 컴퓨터 기술로도 재현이 불가능할 정도라고 하니 제도 기술의 우수함에 혀를 찰 따름이다. 무늬의 배열을 보면 이러한 사실을 실감할 수 있을 것이다. 사진에서 보는 것처럼 무늬는 원의 중심에서부터 3등분한 동심원 공간에 새겼다. 우선 굵은 선의 동심원 5개가 안쪽 공간을 구성했다. 그 안을 직사각형과 그 대각선, 그리고 수많은 평행선과 사선 등 모두 3,340개의 선으로 메웠다. 중간 부분에는 10개의 가는 선으로 0.5mm 간격의 동심원을 새겼다. 그밖에 3겹에서 5겹의 가는 줄과 굵은 줄의 적절한 배치와 동심원의 구성, 맨 바깥 부분을 원반에 내접하는 정사각형의 꼭지점에 30여 개의 동심원으로 구성된

8개 도형의 배치 등은 도저히 우리의 상상력이 미칠 수 없는 경지를 보여준다.

현재까지 청동거울을 주조하는 데 사용했었을 거푸집이 출토되지 않아 어떻게 정련(精鍊) 주조하였는지 알 길이 없다. 설사 거푸집이 출토된다 해도 종이도 없던 시절에 설계도면은 어떻게 만들었으며, 무슨 도구로 어떻게 거푸집의 무늬를 새겼을까 하는 의문은 여전히 남는다. 또한 현재까지 거푸집의 재질이 돌인지, 진흙인지, 아니면 밀랍이었는지 추정조차 못하고 있는 실정이다. 이 가운데 진흙 거푸집으로 주조할 때 이러한 무늬의 재현이 가능하다는 의견이 우세하기는 하지만 13,000여 개가 넘는 선각(線刻)

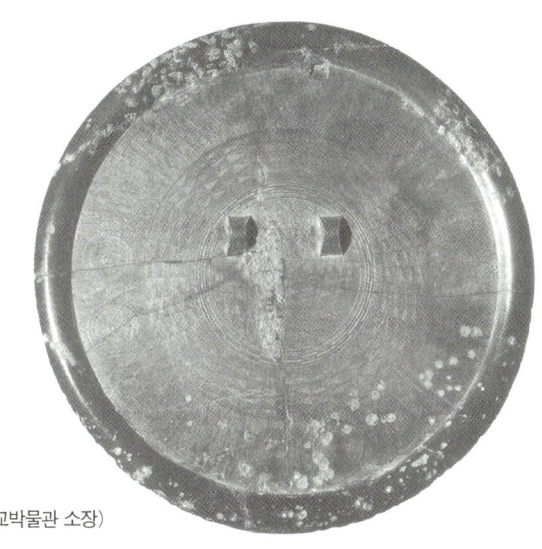

잔무늬 청동거울
(숭실대학교 한국기독교박물관 소장)

방법을 명쾌하게 설명하지는 못하고 있는 실정이다. 최근에 한국과학기술원을 비롯하여 첨단 기술을 연구하는 사람들이 이것의 신비를 풀려고 도전하고 있는 일은 매우 고무적이다. 이것에 대한 궁금증이 풀릴 날도 머지 않은 것 같다.

청동의 주성분은 구리와 주석, 아연의 합금이다. 중국의 것은 납 성분이 많고, 우리 것은 아연 성분이 많다. 우리 선조는 청동기시대 초기부터 황금빛을 내기 위해 구리, 주석, 납에 아연을 섞은 아연-청동 합금을 많이 사용했다. 중국에서는 이러한 성분의 청동이 한나라 때에 이르기까지 출현되지 않는다. 아연은 섭씨 900℃ 정도에서 끓고 이것이 그대로 증기로 달아나 버리는 금속이다. 이에 반해 청동은 섭씨 1,000℃까지 가열해야 용융이 잘 되어 주물을 부어 만들 수 있다고 하니 이러한 아연-청동 합금 기술의 신비는 오늘날에도 풀어낼 방법이 없다. 우리의 조상들은 합금 기술상의 어려운 문제를 피나는 노력과 기술 혁신을 통해 해결해냈다. 청동기시대의 우리 선조는 고유의 창조성을 발휘하여 당시 첨단 기술인 청동기의 제도 기술, 합금 주조 기술을 이루어낸 것이다.

오늘날 우리 나라 제철산업이 세계 일류를 달리고 있는 것도 어쩌면 우리의 핏속에 흐르는 선조의 지혜 덕분이 아닐까? 그러나 아쉽게도 지금 이러한 선조의 지혜를 전시하고 연구할 금속박물관 하나가 없다는 것이 애석할 따름이다.

가야의 철제 갑옷 : 첨단 제철 기술

우리는 텔레비전에서 방영되었던 〈태조 왕건〉이라는 역사극에서 갑옷으로 무장한 견훤과 왕건을 보면서 그 옛날에 사람 몸에 꼭 맞는 갑옷을 어떻게 만들었을까 하는 의문을 갖게 된다. 우리나라에서 그러한 철 갑옷의 기원은 가야 시대(기원전 562년 전후)로 거슬러 올라간다. 가야에서는 이미 앞선 제철 기술을 바탕으로 훌륭한 철 갑옷을 제작하여 입었다. 인류 역사에 큰 획을 그은 철기 시대는 대략 기원전 4~3세기경에 시작되었는데, 이것이 한반도에 전해진 시기를 가야 시대로 추정하고 있다. 한반도 남쪽에 위치한 가야는 당시로서는 철의 제조에 있어 최첨단 기술 보유국이었다. 당시 철을 전혀 다룰 줄 모르던 일본이 이곳의 철을 수입해 간 것은 역사에서 잘 알려진 사실이다(일본이 주장하는 한반도 남부 경영설, 소위 '임나일본부설'은 바로 이곳의 철을 수입하기 위해 설치한 철물거래소라는 것이 밝혀졌다). 가야의 철 생산량이 국내는 물론 일본을 비롯하여 중국 등지로 수출할 정도였던 것으로 보아 아마도 대량 생산 기술을 확보하고 있었던 것 같다. 가야가 국가로서 성장할 수 있었던 주요 배경도 풍부한 철 생산 체계의 확보에 있었다.

가야는 당시 화폐 대용품으로 사용되었던 덩이쇠(鐵, 철기 제작의 중간 소재)뿐 아니라 호화로운 철제 갑옷과 투구, 금을 도금한 마구, 곱은 옥(曲玉), 유리제 장신구 등 다양한 제품을 생산하고 사용하였다. 이로 미루어 볼 때 이러한 장신구를 쓰는 지배 계층이

전통 속의 첨단 공학기술

철제 갑옷과 투구
(국립중앙박물관 소장)

창조적 기술 집단을 거느리고 생산 활동을 장려하여 부와 권력을 축적하였음을 알 수 있다. 철제 도구와 경질 토기의 생산은 농업 생산과 먹거리의 저장, 건축 기술의 향상을 가져왔다. 이러한 발달에는 철과 관련된 원료의 생산으로부터 제련, 강철과 양질의 시우쇠(正鐵, 熟鐵, 무쇠를 불려서 만든 쇠붙이)의 가공과 제조 등 앞선 기술의 생산 체계가 필수적이다. 철을 응용한 대표적인 제품이 갑옷인데, 갑옷은 고도의 기술력을 필요로 하는 쇠가 주재료인 입체적인 복합 구조물이다.

지금까지의 연구로 밝혀진 바에 따르면 가야 사람들은 철을 제련하기 위해 철광석과 숯을 함께 녹이는 방법을 썼다. 철광석은 보통 1500°C 이상의 온도에서 녹지만, 숯을 함께 넣으면 1300°C

철제 말 갑옷(5, 6세기경 아라가야의 유물. 길이 2m 28cm, 너비 43~48cm에 철 비늘 340여 편으로 이루어졌다)

정도에서 녹는 것을 알아냈기 때문에 숯을 이용하여 저온에서 철광석을 분리할 수 있었다. 숯과 함께 12시간 이상 가열하면 철광석은 불순물이 남아 있는 괴련철의 상태로 되는데, 이 속에 남아 있는 불순물을 제거하기 위해 괴련철을 다시 불에 달구고 두드리기를 반복하면 이 과정에서 불순물은 모두 빠져나가고 단단한 철만 남는다. 이러한 제련법을 개발한 국가는 당시 세계에 몇 군데 되지 않았다. 가야 시대의 덩이쇠가 양질의 철 소재였다는 사실은 창녕에서 출토된 덩이쇠를 분석한 결과를 보면 알 수 있다. 정성 분석 결과를 보면 니켈(Ni)과 코발트(Co)가 약간 두드러지고, 알루미늄(Al), 칼슘(Ca), 마그네슘(Mg), 규소(Si)는 모두 미량이라서 덩이쇠가 양질의 철이었음을 알게 해 준다. 또 정량 분석 결과를 보면 인(P) 0.104%, 황(S) 0.90%, 구리(Cu) 0.00%, 티타늄(Ti) 0.61%로 나타났다. 티타늄의 함유량이 높은 것을 보면 자철광을 원료로 사용했음을 알 수 있다.

전통 속의 첨단 공학기술

갑옷을 만들려면 먼저 불에 달군 철을 두드리고 담금질하여 형태를 만드는 단조 공정을 거쳐 작은 조각으로 재단하고 이 조각들을 연결하여야 한다. 그런데 이 조각들을 입체적으로 연결하여 몸을 움직일 때 불편하지 않게 하는 것이 가장 큰 문제로 남는다. 가야 사람들은 조각들을 몸에 맞도록 입체적으로 연결하기 위해 철판과 철판을 맞춰 구멍을 뚫어 못을 집어넣고 양쪽에서 두드려 압착시키는 정결이라는 기술을 개발하였다. 이 기술은 오늘날 철판들을 연접하는 리베팅(riveting) 기법의 원조이다. 이 과정에 필요한 곡면 처리용 못은 주물을 부어서 만들어야 하는 작은 못이었는데 당시에 어떤 기술로 미세 주물을 생산하였는지 현재까지 제대로 밝혀내지 못했다. 대체로 갑옷 한 벌을 만들려면 작은 못이 80여 개가 필요하며 따라서 80여 군데를 리베팅해야 한다.

리베팅은 오늘날까지도 철판 연결에 가장 널리 적용되는 방법인데 우리의 선조들은 이미 1,700여 년 전에 이 원리를 터득하고 활용했던 것이다. 더구나 연결된 철판들이 제대로 모양을 갖추기 위해서는 철판을 불에 달궈 두드려 곡면으로 모양을 잡아야 하는데 곡면을 입체적으로 살리는 일은 오늘날에도 매우 어려운 작업이라고 한다. 이러한 입체 디자인과 정결, 단조, 미세 주조, 리베팅 기술 등이 복합적으로 활용되어 정교하고 튼튼한 가야 철 갑옷이 탄생하였다. 당시 다른 나라에서는 찾아보기 어려운 철 갑옷 제작 기술은 단연 가야 사람들의 독창적이고 탁월한 기술 개발 정신의 개가라 할 수 있다.

전통 속의 공학기술

성덕대왕 신종

소리를 통한 삶의 깨달음

국립경주박물관 종각에 매달린 에밀레종에 장식된, 금시라도 날아갈 듯한 비천상은 세계의 어느 종에서도 볼 수 없는 독특한 예술품이다. 특히 종의 음향 필터 역할을 해주는 음통과 종 밑에 파놓은 구덩이(이것을 명동(鳴洞)이라고 부른다)가 눈길을 끈다. 외국 사람들은 이 종을 에밀리벨(에밀레종을 미국식으로 발음한 것)이라고 부르며, 이 종의 정식 명칭은 국보 29호 성덕대왕 신종이다.

동서양을 막론하고 아주 오랜 옛날부터 사람들은 종을 만들어 제기(祭器)와 악기로 썼으며 그 후에는 사람들을 불러 모으거나 시간을 알리는 데 사용하였다. 우리 나라에 불교가 들어오면서부터 사찰에서는 예불에 사용되는 의기로서 법고, 운판, 목어와 더불어 종을 사물(四物)의 하나로 사용하였다. 일반적으로 사찰에서 쓰는 종을 범종(梵鐘)이라고 부른다. 동양의 범종 가운데 우리의 것은 은은한 소리, 아름다운 몸체와 그 위에 수놓인 문양에서 타의 추종을 불허한다. 종소리를 좋게 하려고 종을 주조할 때 시주로 받아온 어린 아기를 끓는 가마에 넣었다는 전설이 이 종을 더욱 신비스럽게 하는지도 모르겠다.

에밀레종의 원래 이름은 성덕대왕 신종이며, 봉덕사에 있었던 연유로 봉덕사종이라고도 한다. 조선시대에 들어와서 봉덕사가 홍수로 유실된 뒤에 이 종을 여러 절에서 가져다 썼다. 중종 초기에는 경주부윤 예춘년(芮春年)이 주관하여 이 종을 경주성의 남문에 매달고 아침, 저녁으로 시간을 알렸다. 1963년에 국보 29호로 지정된 이래, 1980년 초 어느 해인가 제야의 종소리를 끝으로 침묵했던 이 종이 다시 울린 날은 2001년 한글날이었다. 종에 대한 과학적 검사가 끝나 다시 울려도 좋다는 결론이 났기 때문이었다. 그 동안에는 종소리를 녹음하여 시간마다 들려주기도 하였다.

종소리의 비밀 : 음통과 명동

이 종의 크기는 높이 366.3cm, 입지름 222.7cm, 무게 25t으로 현재 국내에 있는 종 가운데 최대의 신라 종이다. 몸체에 새겨진 종명(聖德大王神鐘之銘, 金弼奚 지음)에 따르면 경덕왕이 부왕인 성덕왕을 위하여 황동(요즘의 청동) 12만 근을 들여 큰 종을 주조하려 했으나 이루지 못하고 세상을 떠나자, 혜공왕이 부왕의 뜻을 받들어 771년에 완성했다고 한다. 우리 나라에서 가장 오래된 종인 오대산 상원사종(725년 제작)과 더불어 이 종은 신라의 주종(鑄鐘) 기술과 예술을 가늠할 수 있게끔 해주는 자랑스러운 문화유산이다. 여기서 그 특성들을 일일이 열거할 수는 없지만 그 중 하나인 음향의 특성을 간단히 짚어 보자.

종을 매다는 고리인 용뉴(龍紐)와 일체로 붙어 있는 음통(音筒)은 큰 피리 모양의 원통인데 속이 비어 있어 종의 내부 소리는 여기를 거쳐 밖으로 나갈 수 있다. 이것은 신라 종에만 있는 독특한 조형물이다. 이에 대해 여러 가지 학설이 제기되었는데, 이 가운데 황수영 교수는 "《삼국유사》에 나오는 신라 제일의 국보이며 신기인 만파식적(萬波息笛)에서 유래하였다"고 한다. 또한 이것이 음관의 역할을 하여 종이 울릴 때 발생되는 고주파음을 걸러내어(필터링) 소리의 잡음을 덜 느끼게 해 준다고 한다.

최근에는 종소리의 기본음이 이 음통을 통과해서 소리를 낸다는 주장도 제기되었다. 음통이 용두와 더불어 종을 종각에 지지하는 지주라고 보는 등 이에 대한 여러 가지 견해가 있다. 김양한 교수에 따르면 신종의 신비한 소리는 특이한 맥놀이 현상에서 비롯되는 것으로, 이 종의 대표적인 진동수는 64Hz 정도이며 3초 정도의 맥놀이 주기로 소리가 퍼져 나간다고 한다. 이러한 연구 결과를 토대로 에밀레종의 아름다운 종소리의 비밀은 바로 이 음통과 종의 밑바닥에 적당한 크기로 파놓은 명동이라고 부르는 빈 음향 공간에 있는 것으로 생각된다. 명동도 신라 종의 특징 중 하나인데, 이것의 역할은 이 공간의 음이 종의 진동음과 공명을 일으켜 소리가 크고 오래가도록 하는 것이라고 한다. 이장무 교수의 연구에 따르면, 이러한 기술은 자동차의 내부 소음이나 냉장고의 압축기 소음을 해석하는 데에 사용되는 최신 기법과 같다고 한다.

일찍이 신라인들의 놀랄 만한 과학기술은 당나라에까지 널리 알려져 당시 대종황제(代宗皇帝)는 신라 왕이 선물로 보낸 만불산(萬佛山)이라는 자동 장치를 보면서 "신라인의 공교로운 기술은 곧 하늘의 조화요, 사람의 기교는 아니로다"라고 극찬을 아끼지 않았다고 《삼국유사》에 전해 온다.

지금까지 이 신종은 많은 연구거리를 제공하였으며 앞에서 살펴본 바와 같이 그에 따른 많은 연구 성과가 있었다. 앞으로 에밀레종에 대한 연구가 새로운 각도에서 제대로 이루어져 세계인의 문화유산이 된 이 종이 아침, 저녁으로 널리 울려 퍼지기를 기대하는 마음이 간절하다. 종명의 머리글에 적힌 대로, "참된 삶의 길이나 부처의 웅장한 소리는 지극히 높고 깊어 깨달을 수도 들을 수도 없지만, 종소리를 통해 그것을 깨달을 수도 들을 수도 있는" 기회를 제공하게 되어 종을 만든 이들의 염원을 실천함은 물론, 한국의 기술 문화를 세계에 널리 알리는 차원에서도 깊이 논의해 볼 필요가 있을 것이다.

현재 이 신종의 보존 방법에 대한 연구가 상당히 진척되고 있긴 하지만 아직 이 종을 옛날처럼 아침, 저녁으로 울릴지 아니면 실내에 보관할지는 예측하기 어렵다고 한다. 종은 아침, 저녁으로 울려야 오래도록 보존할 수 있는데 전문적인 종지기를 두어 종에 손상이 가지 않도록 종을 울려야 한다. 제야(除夜)나 경축일에 저명 인사 여럿이서 종이 깨져라고 두드리는 것을 볼 때면 언제인가 구례 화엄사의 범종을 치던 스님이 생각난다. 스님의 염원하는 듯, 흥에 겨운 듯 리드미컬한 손놀림은 소중한 악기를 다루는 명인의 자세 바로 그것이었다. 종을 치는 자세는 종소리에 염원을 실어 멀리 보내는 것뿐 아니라 종을 보존하는 데에도 아주 중요하다.

경주에서 머무르는 사람이라면 고도의 새벽을 여는 은은한 종소리를 기대해 본 사람이 많을 것이다. 경주는 세계인이 인정하는

전통 속의 공학기술

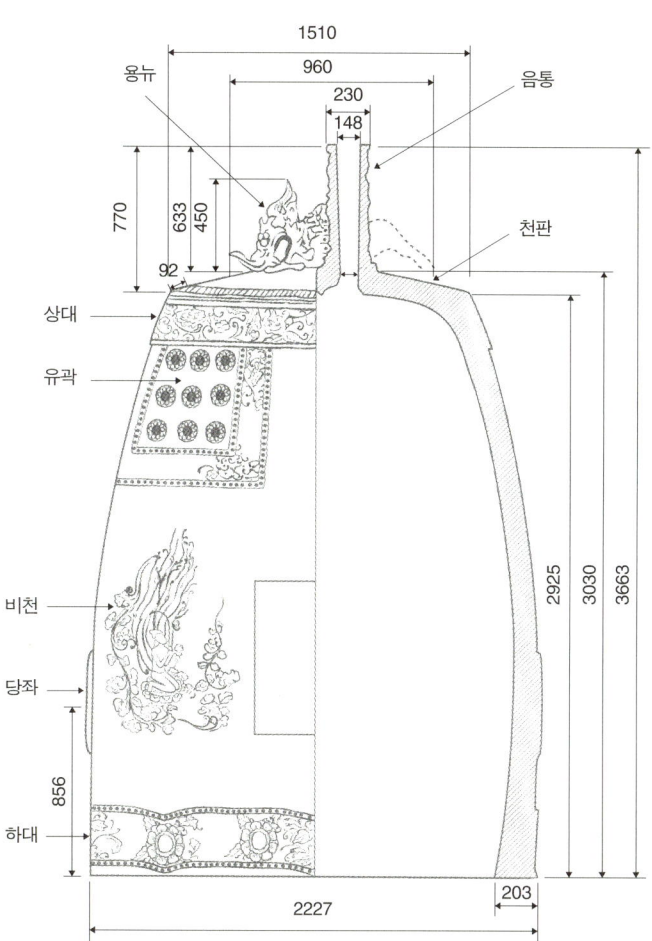

성덕대왕 신종의 각 부분 명칭과 길이. 단위 : mm (국립경주박물관 소장)

문화유산의 도시이다. 앞으로 이 신종을 매일같이 울릴 수 없을 바에는 조선시대의 남문을 복원하고 이것과 똑같은 새로운 종을 그곳에 매달아 옛날처럼 아침, 저녁과 정오에 종소리를 들을 수 있도록 하는 것도 좋을 듯싶다. 앞으로 에밀레종이 천 년 고도 경주의 옛 생활상을 재현하는 도구로서 우리 앞에 모습을 드러내기 바라는 마음 간절하다.

건축

포석정 | 첨성대 | 다보탑과 석가탑 | 석굴암

포석정 : 와류 현상의 응용

유상곡수

무거운 비행기는 어떤 원리에 의해 떠오를까? 왜 골프공의 표면은 울퉁불퉁하게 만들었을까? 왜 선박의 단면은 유선형이어야 하는가? 이러한 물음에 대한 답은 의외로 간단하다. 앞에서 말한 모든 현상에는 유체역학이라는 과학적 원리가 응용된다. 한마디로 유체역학은 흐르는 액체나 기체의 움직임을 연구하는 학문으로 조선, 우주항공 산업 등에 있어 아주 중요한 핵심 기술이다.

유체역학의 원리를 가장 잘 활용한 고대의 유물 가운데 하나가 경주에 소재한 우리 나라 사적 제1호인 포석정(鮑石亭)이다. 신라의 마지막 임금인 경순왕이 술과 가무로 날을 지새다가 나라를 잃었다는 전설이 전해 내려오는 곳이기도 하다. 이것의 사실 여부는 떠나서 포석정이 어떤 원리를 갖고 있기에 그리 유명한지 알아보기로 하자.

포석정은 측벽이 다양한 크기의 석재 63개로 구성된 평균 높이 22cm 정도의 매우 안정적인 수로(水路) 구조물이다. 돌로 만든 수로에 물을 흐르게 하고 잔을 띄워 유상곡수(流觴曲水, 흐르는 물에 잔을 띄워 보내 잔이 닿는 곳의 사람이 시를 짓는 놀이를 했다는 중국의 유적에서 유래한다)를 하던 신라시대의 정원 유적이다. 이 수로에 물이 흐르면 소용돌이 현상이 같은 장소에서 계속 일어난다. 물의 흐름에 반하는 소용돌이 현상을 와류(渦流)라고 한다. 이러한 소

| 경주의 포석정지

용돌이 현상이 생기는 곳에서는 술잔이 회전하거나 머무르거나 갇히는 현상이 나타난다.

와류 현상의 응용

보통 수로를 설계할 때는 공학적으로 소용돌이 현상이 일어나지 않도록 설계하는 경우가 대부분이다. 이것은 소용돌이 현상이 일어나면, 물이 돌아 흘러가는 부분에서 벽에 충돌하여 에너지가 분산되어 효율이 떨어지기 때문이다. 배를 유선형으로 설계하는 것도 같은 이유이다. 그러나 포석정의 수로는 이와 반대로 소용돌이 현상이 발생하도록 만들었다. 한국과학기술원(KAIST) 장근식 교수의 모형 실험과 컴퓨터 시뮬레이션 연구 결과에 따르면 포석정 수로는 특이한 설계 때문에 갖가지 물의 흐름이 만들어지고, 술잔을 띄웠을 때 잔이 회전하거나 머무르거나 갇히는 현상이 나타난다는 사실이 확인되었다.

중국과 일본에도 술잔을 물에 띄워 보내는 수로는 여러 개가 있다. 그러나 포석정의 것처럼 여러 사람이 둘러앉아 술을 마신 다음 잔을 채워 띄워 보내면 다음 사람의 자리 앞에 가서 빙빙 돌며 머무는 현상이 일어나지는 않는다고 한다. 이것으로 우리는 신라 사람들의 슬기와 지혜, 유체역학 지식과 기술 능력을 가늠할 수 있다. 오늘날 우리 나라가 세계에 자랑할 만한 조선 강국으로 발전할 수 있었던 뿌리는 바로 포석정에 깃든 공학기술의 지혜가 아닐까?

첨성대

천문 관측대

신라 27대 선덕여왕 16년(647년)에 세워져 지난 1,350여 년의 모진 풍상에도 거의 완벽한 원형을 유지하고 있는 신라 첨성대는 천체 관측대로서, 당시의 고도로 발달된 건축 공법의 일면을 보여 주는 역사적 유물이다. 첨성대라는 이름은 역사적으로 세 번 나오는데 고구려시대 평양에 있었던 고구려 첨성대(기록으로만 남아 있음), 고려시대 개성의 만월대에 세운 고려 첨성대, 그리고 경주에 있는 신라 첨성대이다.

첨성대의 기능에 대하여 여러 가지 학설이 제기되었는데 아직도 바로 이것이라고 모두가 수긍할 수 있는 설이 정립되지는 못한 상태이다. 이 가운데서 특기할 만한 설을 간추리면 다음과 같다. 당대의 수학서인 《주비산경》의 내용을 종합적으로 반영하여 축조한 탑이라는 주비산경설(周髀算經說)(김용운), 불교의 우주관인 수미산의 모양을 본떠서 만든 제단이라는 수미산설(須彌山說)(이용범) 또는 제단설(祭壇說)(남천우), 최근에는 하늘 우물설(김기흥) 등이 있으나 이것이 천문 관측대 또는 망루임은 틀림없는 사실이다.

첨성대는 접착제를 사용하지 않고 무거운 돌(한 개의 무게가 평균 357㎏)을 쌓은 중력식 구조물이다. 첨성대의 높이는 9.108m, 밑지름은 4.93m, 윗지름 2.85m이며 전체 무게는 264t이다. 몸체는 27단, 맨 위의 정자석을 합치면 29단, 기단석을 합치면 31단, 그리

전통 속의 공학기술

경주 첨성대

고 사용된 원통부의 원통석의 숫자는 하층부터 27단까지 모두 362개이다. 여기에 의미를 부여한다면 각 단은 선덕여왕의 신라 27대왕과 기본 별자리 28수, 그리고 한 달의 길이 29를 상징하고, 362개는 거의 1년의 날 수에 해당한다. 또한 네모난 창 위로 12단, 아래로 12단이니 이는 1년 12달과 24절기를 상징한다(박성래).

  기단석은 첨성대의 플랫폼 역할을 하는 맨 아랫부분으로서 한 변이 평균 5.27m의 정사각형으로 동서남북 4방위에 맞춰 첨성대의 몸통 부분인 원통부는 완만한 반곡선 형태의 표면을 유지하며 기단석으로 받쳐진다. 상단의 정자석(井字石)은 첨성대 최상부에 올려진 2단의 우물 정자형 돌인데, 28단 중 남북의 장석은 짧고 동서의 장석은 길며, 29단의 정자석들은 남북과 동서로 방향을 잡았고 그 중앙을 갈라 8방위에 맞추었다. 첨성대 중앙에 위치한 창문은 정남향이다. 정남으로 향한 창은 춘분과 추분에 태양이 남중할 때 광선이 첨성대 밑바닥까지 완전히 비치게 되어있고 하지와 동지에는 아랫부분에서 완전히 광선이 사라지므로 춘하추동의 분점(分点)과 지점(至点) 측정에서 중요한 역할을 한다(전상운).

역학적 안정성

  첨성대의 구조학적 해석을 시도한 건축공학자 이동우 박사(1986)의 연구에 따르면 첨성대의 설계자는 특이한 반곡선 형태를 창안하여 구조적 안정성과 심미적 요소 및 기능적 요소를 고려했다고 한다. 이는 신라시대의 유물이나 세계의 여러 건축물에서 그

실례를 찾아보기 힘든 형태를 지닌 구조물이다. 1단에서 12단까지는 완만한 곡선으로 수학적인 방정식으로 표시가 가능하고, 13단에서 20단까지는 경사 직선, 24단에서 27단까지는 수직 직선, 그리고 21단에서 23단까지는 경사 직선과 수직 직선을 이어주는 곡선으로 되어 있다. 직선과 곡선이 조화를 이룬 외형은 안정성과 조화된 곡선미를 나타낸다. 이는 첨성대 설계자가 뛰어난 건축 기법과 기술 그리고 심미안을 갖고 있었다는 증거이다.

첨성대가 위치한 경주는 지질학적으로 부산, 양산, 경주, 포항 그리고 동해를 지나는 양산단층과 울산과 경주를 잇는 울산단층이 충돌하는 곳이다. 이 지역은 예로부터 지진이 자주 일어났고 지금도 미진이 계속되고 있다. 《삼국사기》에는 첨성대가 세워진 후인 779년 경주에서 100여 명의 사망자를 낸 엄청난 지진이 있었다는 기록이 있다. 그러나 첨성대가 지진 피해를 입은 흔적은 찾아보기 어렵다. 최근 첨단기술인 지하 투과 레이더 탐사법으로 첨성대의 지층 구조를 조사해 본 결과, 첨성대 지하와 그 주변은 인공적으로 공고하게 기반을 다진 것이 확인되었다. 즉, 건축 당시 1.5mm 이상 땅을 파서 큰 돌을 채웠으며 특히 첨성대 바로 아래 부분에는 더 많은 돌들을 채웠다. 또한 바닥에서 창 높이까지는 내부를 흙으로 채웠는데 이것이 첨성대가 오랜 세월 동안 지탱한 또 다른 비결이다.

몸체를 구성하는 돌들은 밖에서 보기와는 달리 안으로 길게 뻗어 있으며 첨성대 안의 흙이 이 돌들을 잡아주는 역할을 하고 있다. 첨성대 내부의 흙은 굵은 자갈과 섞여 있는데 이는 배수를 위한 고려이다. 순수하게 흙으로만 채웠을 경우 빗물에 젖은 흙이 오히려 첨성대 외벽을 밖으로 밀어낼 수도 있기 때문이다. 원통부 안의 기단부부터 12단까지 채워진 자갈과 흙은 토압을 형성하여 원통부의 돌들이 안쪽으로 붕괴하는 것을 막아주어 역학적으로 안팎이 균형을 유지하도록 한다. 또한 원통부 하부에 흙을 채움으로써 기초부의 침하나 지진으로 인한 진동에 대비하는 등 구조학적으로 안정성을 유지하여 몸체가 원형을 보존하는 데 중요한 역할을 하였다.

첨성대의 창은 13단에서 15단 사이의 한가운데에 가로 세로 약 1m 크기로 뚫려 있다. 이것도 구조적 안정성을 고려한 것이다. 대안으로 드나들기 편하도록 하단부에 출입구를 설치할 경우 전체 하중을 받치는 데 어려움이 있으며, 또한 하부에 출입구를 내더라도 어차피 위로 올라가야 하는 것은 마찬가지이다. 결국 첨성대 안을 채운 흙과 자갈은 전체 구조를 안정시키는 역할뿐 아니라 오르내릴 때의 바닥 역할도 한다.

첨성대의 창문에서 정상부에 이르는 비어 있는 내부에서 눈길을 끄는 것은 장대석으로 원통형의 구조를 가로지른 길다란 돌들이다. 28단과 29단의 상부 정자석은 쇠로 만든 꺾쇠와 두 기단의 장석을 얽히지게 함으로써 상대적 위치의 변화를 방지한 점도 특이하다. 또한 설계자는 19단과 20단에 버팀대 역할을 하는 내부 정자석을 배치하여 돌들이 안으로 무너질 위험성을 방지하였다.

우물 정자를 이룬 이들 장대석이 둥근 구조를 잡아주어 몸체에 견고함을 더해주고 있다. 몸체를 비집고 나온 돌들은 외부로 돌출된 장대석의 끝 부분이다.

  튼튼한 기초와 하단부 몸체 안의 흙, 그리고 상단부 정자석과 안정된 곡선, 이 모든 것들은 치밀한 공학기술과 설계기법의 산물이다. 1,300여 년 간 비바람과 지진을 견딘 첨성대의 비결, 그것은 신라의 건축기술과 예술의 개가이다.

전통 속의 첨단 공학기술

다보탑과 석가탑

다보탑

신라 경덕왕 10년(751년)에 창건된 경주의 불국사 경내에는 아름답고 독특한 건축미를 갖춘 석조물인 다보탑과 석가탑이 그 자태를 뽐내며 서 있다. 대웅전 앞뜰에 좌우로 서 있는 두 개의 탑은 법당 안에 있는 석가모니 부처와 정삼각형의 위치에 자리하고 있다. 다보탑은 다보여래의 전신탑이라는 의미로 중국 남북조시대부터 이런 종류의 탑을 만들기 시작하였다. 그러나 불국사의 다보탑은 통일신라시대는 물론 다른 탑에서 전혀 찾아볼 수 없는 독창적인 탑으로 본래 이름은 '다보여래상주증명탑(多寶如來常主證明塔)'이다. 이 탑은 칠보탑이라고도 부르는데 칠보는 금, 은, 유리, 파려 등 7가지의 보석류를 의미하며 이는 부처의 본질인 깨달음의 7가지 덕성을 나타내는 말이기도 하다.

불국사 다보탑은 사면에 8층 계단을 가설한 4각 기단 위에 세워진 삼층탑으로 탑의 높이는 10.4m이며 국보 제20호로 지정돼 있다. 1층은 기둥 위에 덮은 사각 기와집으로 되어 있다. 사각형은 인간만이 가질 수 있는 형태이다. 집도 사각이요, 책상도 사각이요, 사각이란 구를 줄도 모르고 돌 줄도 모르며 오직 나만 아는 융통성 없는 인간의 형태라 하겠다. 부처님의 법계(法界)에는 사각형이란 없다. 3층은 둥근 연꽃 모양으로 된 누각(집)이다. 둥근 원은 축소하면 한 개의 점이 되지만 확대하면 온누리가 되는 무한하고 원만한 형태이다. 그래서 부처님의 세계를 원융(圓融)의 세계라고 한다. 네모난 인간이 어떻게 부처님의 원융의 세계에 다다를 수 있을까? 그러려면 열심히 도를 닦고 정진해야 한다. 그래서 한 모 한 모 떨쳐버리면 8각이 된다. 4각의 인간들은 8각을 거쳐야 원융의 세계에 다다를 수 있는 것이다. 그 때문에 다보탑의 2층은 8각으로 되어 있다. 다보탑은 네모난 인간이 부처님 세계에 다다르는 과정을 형상화한 탑이다.

다보탑은 마치 목조 건축을 하듯이 접합제를 전혀 사용하지 않고 다양한 석재를 조립하여 정교한 조화를 이루도록 축조된 탑으로는 동양에서 유일하다. 일반적으로 석재를 이용한 건축은 쌓아 올리는 방식이 대부분인 데 반해 불국사 다보탑은 석재를 목재와 같이 짜 맞추는 방법을 적용하였다. 그 당시 석조 건축의 혁신이라 할 수 있다. 이 탑을 연구한 최완수 교수는 1층은 육중한 기둥을 세우고 마름모꼴 옥개받침으로 장혀를 걸고 연목을 얹어 힘찬 추녀가 가로로 뻗은 사각의 지붕을 받치는 목조 누각 형식을 가진 독특한 석탑이라고 말한다.

1920년에 다보탑의 실측을 주관한 요네다는 이 탑이 정확하게 기하학적으로 8 : 4 : 2 : 1의 비례인 등비급수의 비로 세밀하게 구성되어 있음을 과학적으로 증명한 바 있다. 이러한 다보탑이야말로 신라인의 독창적인 공학기술과 예술성을 가미한 석재 건축물의 백미(白眉)라 하겠다.

석가탑

국보 제21호로 지정된 석가탑은 높이가 8.2m, 기단 폭이 4.4m 이며, 일명 '무영탑'이라고도 부른다. 이 탑을 만든 석공 아사달과 아사녀의 슬픈 사랑의 전설로 해서 생긴 이름이다. 석가탑은 상륜부를 제외하고는 큰 손상 없이 원형을 보존하고 있다. 상륜부는 원래 노반과 복발, 앙화만 남아 있던 것을 1973년 불국사 복원 공사를 하면서 전북 남원의 실상사 쌍 3층 석탑의 상륜부를 본떠서 현재와 같이 만들어 놓았다.

1966년 10월 13일 보수 공사 도중 2층 탑신석 중앙에 마련한 사방 41cm, 깊이 19cm의 네모진 사리공 안에서 경덕왕 당시에 제작된 사리장엄구와 세계 최고의 목판 대장경으로 알려진 국보 제126호 무구정광대다라니경을 발견하였다. 전상운 박사는 이 다라니경이 706년에서 751년 사이에 인쇄된 것으로 추정하고 있으며, 우리 나라 목판 인쇄의 역사는 그때로 거슬러 올라간다는 설을 내놓은 바 있다.

석가탑의 본래 이름은 '석가여래상주설법탑(釋迦如來常主說法塔)'으로 석가여래가 이 탑 속에 머물면서 영원히 설법하는 탑이라는 뜻이다. 다보탑은 다보여래가 탑 속에 머물면서 영원히 어려운 석가여래의 설법을 증명하는 탑이라는 뜻이니 이 탑들은 둘이면서 하나라고 할 수 있다. 석가탑은 소박한 듯 보이지만 다보탑 못지않게 화려하고 장엄한 탑이다. 석가탑의 기단 둘레에 팔방금강좌(八方金剛座)라 부르는 여덟 개의 꽃방석이 놓여 있기 때문이다. 이 연꽃방석은 하늘에서 비천(飛天, 천녀)들이 내려와서 음악을 연주하거나 향을 올리는 자리라고 한다. 이 팔방금강좌가 둘러져 있음으로 인하여 석가탑에 전체적인 안정감이 더해진다.

다보탑이 기둥이나 면석, 옥개 등 석재를 짜 맞추어 석탑을 짓는 목조식 방법을 사용한 것에 비해서, 석가탑은 석재가 지닌 특성을 살려내어 가능한 한 통짜 돌을 쌓아올리는 축조식 석조 건축기법을 사용하였다. 그리하여 석가탑은 통일신라시대의 석탑 양식을 완성시킨 석탑으로 자리 매김을 하고 있다.

| 불국사 다보탑(좌)과 석가탑(우)

석가탑이 보여 주는 완벽한 균형미는 치밀한 계산을 통해 만든 상승감과 안정감에서 비롯된다고 할 수 있다. 튼튼한 2중의 기단 위에 탑신부의 몸 돌과 지붕 돌이 단순한 모양으로 크기가 줄어들면서 차곡차곡 쌓아져 3층으로 솟아 오른 석가탑은, 층마다 올라가면서 크기와 무게를 줄임으로써 더없는 안정감을 준다. 1층의 몸 돌과 2, 3층의 몸 돌 높이의 비율이 4 : 2 : 2 인데, 이는 사람의 눈 높이에서 보는 착시를 감안하여 상승감을 느낄 수 있도록 아래쪽에서 바라보는 사람의 시선을 고려한 신라인 특유의 과학적이고 천부적인 지혜의 소산물이다.

흙을 주무르듯 돌을 잘 구슬리고 다듬어낸 것이 다보탑의 솜씨라면, 석가탑의 솜씨는 커다란 통 돌의 크기를 줄이면서 깔끔하게 상승하는 느낌을 만들어낸 것이다. 다보탑이 여성적 부드러움을 지닌 장식적 석탑이라면, 석가탑은 간결하고 장중한 남성적 조형미를 지닌 천하의 명품이라 할 수 있다. 다보탑은 눈에 보이는 물질의 아름다움이며, 석가탑은 마음에 비치는 정신 세계의 아름다움을 상징하는 신비한 탑이다. 다보탑과 석가탑은 불교의 이상향을 건축으로 표출하고, 축성에 기하학적 비례를 이용해 아름다움을 이룬 신라 과학기술의 걸작품이다.

석굴암

고도의 기하학과 역학적 균형의 결정체

　우리 나라의 불교 예술 및 불교 건축의 백미로서 우선 경주 토함산에 위치한 석굴암을 꼽는다. 석굴암은 신라가 통일을 이루고 안정과 평화를 누리며 풍요를 구가하던 최고의 전성기인 신라 제35대 경덕왕(742~765년) 때에 창건되었다. 현세에 생을 받은 김씨 왕족들의 영화를 빌기 위해 불국사가, 그리고 앞서 세상을 떠난 역대 김씨왕 선조들이 사후 극락 세계에 왕생하기를 기원하기 위해 석불사가 세워졌다. 석불사는 후에 석굴암으로 개칭되었다. 석불사의 정확한 창건 연대는 알 수 없으나 730년경으로 보는 견해가 지배적이다. 불국사는 751년에 시작해서 774년 12월에 완성되었다. 불국사와 석불사가 《삼국사기》에 나타나지 않는 까닭은 황룡사, 사천왕사 등과 같은 국가급의 사찰이 아니고 김씨 왕가의 원찰로서 건설되었기 때문이라고 생각한다.

　토함산 자락 해발 565m에 위치한 석굴암은 당시 신라 오악(五岳) 가운데 하나인 동악(東岳, 토함산)에서 동해구(東海口)를 바라보는 동남 방향에 위치해 있다. 동해구 앞 바다에는 신라 통일을 완수한 문무왕의 해중릉 대왕암이 있다. 이곳에는 죽어서도 왜구를 진압하기 위한 호국대룡이 되길 원했던 문무왕의 혼이 깃들여 있다. 또한 이 지역은 김씨 왕가의 화장법에 따르던 동해의 왕실 묘역으로 경덕왕의 친형이며 앞서 간 효성왕(737~741년)도 사후 화

전통 속의 첨단 공학기술

▎석굴암

장되어 이곳에 산골하였다. 석굴암과 동악은 문무왕이 제4대 석탈해왕의 유골로서 소상을 만들어 토함산 산정에 탈해사를 건립하고 동악대신을 삼아, 이의 가호로 외적으로부터 동해를 수호하려는 기대와도 일치하는 특별한 의미를 갖는다. 석굴암 본존불의 시선은 바로 이 동해구를 향하고 있다. 그러나 1969년 남천우 박사는 석굴이 바라보는 방향은 대왕암이 있는 동해구가 근처의 동짓날 해뜨는 방향인 동남방으로 30도가 되는 것을 증명한 바 있다. 참고로 신라시대에는 해가 가장 짧아지는 동지에 대한 관심이 많았다. 남산에 있는 석굴암보다 먼저 축조되었다고 하는 감실부처는 석굴암에 앞서 바위를 조각해서 만든 불상인데 침침하게 외롭게 앉아 있는 이 부처의 얼굴에도 동짓날 아침엔 환하게 햇살이 비친다.

1932년 일본의 요네다 미요지(1907~1942년)가 최초로 석굴을 정밀하게 측량하였는데, 석굴의 조영은 12자를 기본으로 한다. 그리고 정사각형과 그 대각선의 길이인 $\sqrt{2}$의 응용, 정삼각형의 높이의 응용, 원에 내접하는 육각형과 팔각형 등의 비례 구성으로 이루어졌음을 밝혀냈다. 남천우 박사의 말을 빌리면 "석굴은 경이적인 정확도로써 기하학적으로 건립되었다. 정확도는 1천 분의 1, 아니 1만 분의 1에 달한다. 신라인들은 원주율 파이(π)의 값을 3.141592… 보다도 훨씬 더 높은 정확도로 알고 있었음은 물론이고, 아마도 정십이면체에 대한 정현법칙, 다시 말해서 sin 9도에 대한 정확한 값을 구할 수 있는 기하학을 최소한도의 것으로 갖고 있었다."

요네다가 조사할 때 측량에 사용한 자는 길이가 잘 알려진 곡척(曲尺, 30.3 cm)이 아닌 당척(唐尺, 29.7cm)이었다.

요네다가 작성한 본존불의 측량 도면을 보면 역시 12당척을 기본으로 정사각형과 그 대각선 $\sqrt{2}$의 연속으로 전개되어 있다. 그리고 입면(立面)의 경우 주실 반구형도 12자를 반지름으로 이루어져 있다. 본존불의 좌대 밑에서부터 본존불 머리 끝까지의 길이가 $12\times\sqrt{2}$로 되어 있고 본존불 위 반구형은 본존불 머리 위에서 시작되는 반경 12자의 반구형이다. 석굴 평면도 반경을 12자로 하는 원이다. 문 입구는 그 굴원의 반경에 있으며 굴원은 한 변이 12자인 정육각형을 내접시켰을 때 한 변이 문의 입구의 폭으로 되어 있다. 한 변이 12자인 정삼각형의 수선($6\sqrt{3}$)의 1/2, 즉 5.2가 본존정좌의 구성 단위로 정확히 기하학의 법칙이 적용되어 있다.

강우방 전 국립경주박물관장도 석굴암의 설계는 $\sqrt{2}$ 직사각형이 복합적으로 응용되었다고 밝혔다. $\sqrt{2}$ 장방형은 특이한 구조를 갖고 있어 반으로 분할하였을 때, 두 장방형 역시 $\sqrt{2}$의 장방형이 된다. 이와 같은 현상이 무수히 반복적으로 전개되는데 이 현상은 화엄 사상에서 말하는 중중무진(重重無盡)의 법계의 원리와 같다고 말한다. 고대 그리스의 파르테논 신전이 1:1.618의 비례로 설계되어 있는 반면 석굴암에는 $1:\sqrt{2}$ (1.414)의 비례가 사용되었다. 이는 인간이 최적의 아름다움을 느낄 수 있는 비례로 많은 자연현상과 예술에서 찾아볼 수 있다.

석굴암 궁륭부는 108개의 돌로 구성되어 있고 중앙부의 맨 위엔 연꽃무늬의 둥근 돌을 덮어 천장 부위를 완성하였다. 석굴암은 천장은 5단으로 형성되어 있는데 1, 2단은 평판석 12개와 13개로, 그리고 3, 4, 5단은 사이마다 모두 10개의 평판석과 쐐기돌(남천우 박사는 팔뚝돌이라 함)을 끼움으로써 역학적 균형을 이루었다. 이는 구조물을 이루고 있는 각 돌의 무게와 쐐기돌을 이용하여 상호작용하는 힘의 합이 영이 됨으로써 역학적 균형이 이루어진 것이다. 현대의 다리 구조물 등이 이러한 원리를 이용하고 있다.

재미있는 사실은 천장 덮개 돌이 세 조각으로 되어 있는데 그 사정은 알 길이 없다. 다만 《삼국유사》에서 일연(一然)이 "천정 덮개 돌은 떨어져 세 동강이 나 분하고 억울했다. 그리고 잠든 사이 천신이 와서 설치하였다"고 설화를 적고 있다. 영남대학교 김익수 교수가 1980년 발표한 논문에 의하면, 김 교수가 측정한 본존 뒤에 있는 공배는 기존에 우리가 알고 있는 정확한 원이 아니라 좌우 224.3cm, 상하 228.2cm인 타원으로 참배자가 서서 공배를 보았을 때 원으로 보이도록 설계되었다고 한다. 이 또한 신라인의 놀라운 예지를 말해 준다. 석굴암은 불교 사상을 과학기술에 바탕을 두고 독창적인 예술과학으로 승화시킨 빼어난 건축물인 것이다.

인쇄기술

신라의 목판 인쇄기술 | 고려대장경 | 계미자와 갑인자

신라의 목판 인쇄기술

불국정토의 실현을 위하여

　우리 나라의 목판 인쇄가 언제부터 시작되었는지 확실치 않지만 대체로 8세기 초라고 보는 견해가 지배적이다. 경주 불국사 경내의 석가탑에서 무구정광대다라니경(無垢淨光大陀羅尼經)이 발견되고 이것이 704년에서 751년 사이에 인쇄된 세계 최초의 인쇄본으로 밝혀졌기 때문이다.

　신라 경덕왕 때인 751년에 창건된 불국사 대웅전 앞마당에는 동서로 석가탑과 다보탑이 서 있다. 1966년 10월 13일 석가탑의 보수 공사를 하던 도중에 석가탑 2층 탑신에서 가로, 세로 각각

41cm, 깊이 19cm 크기의 네모난 구멍이 발견되었다. 이 구멍은 사리를 안치해 두는 사리공으로서 그 중앙에는 황산동의 녹이 슨 금동제 사리함이 안치되어 있었다. 사리함의 둘레는 목재로 만든 작은 탑과 청동거울, 비단, 향목, 구슬 등이 가득 채워 있었다. 다라니경은 상하괴선행팔자로서 비단보에 싸인 채, 사리함 안의 서쪽 구석에 안치된 또 하나의 장방형 금동 소사리함 위에 있던 닥종이로 된 두루마리였다. 이 경전이 바로 국보 제126호 무구정광대다라니경이며, 김대성이 불국사에 석가탑을 세우고 탑 속에 넣은 것으로 보인다.

무구정광대다라니경은 폭 6.5~6.7cm인 종이 12장을 이어 붙인 길이 약 70cm의 두루마리로서 한 장에 39~63행, 각 행에 7~9자를 인쇄하였다. 다라니(dharani)는 부처의 가르침을 요약한 경전으로서 신비적인 힘을 가지고 믿도록 하는 축문인데, 비교적 긴 문구로 되어 있다. 삼국을 통일한 신라는 불교 국가를 이상으로 삼아 불국사를 건립하고, 중국에서 새로 번역한 다라니경을 들여와 이것을 대량으로 인쇄할 필요성을 느꼈을 것이다. 더욱이 기술적으로는 문무왕(661~680년) 대에 이미 청동을 주조하여 인장을 만들어서 지방의 관청에 배포하였고, 도공들은 나무에 새긴 형틀로 수많은 무늬 기와를 찍어 내기도 하였다. 이 점을 고려하면, 신라인의 목판 인쇄술의 발명은 필요성과 아울러 기술적 가능성이 성숙한 단계에서 이루어졌다고 하겠다.

발견될 당시 다라니경은 1,200년 동안 좀벌레에 의한 부식이

전통 속의 첨단 공학기술

무구정광대다라니경(6.7cm×648cm)의 부분(국립중앙박물관 소장)

심한 상태로 33조각으로 부서져 있었는데 현재 과학적인 복원과 보존 처리 과정을 거쳐 전체가 원상태로 복구되었다(발견된 당시에는 국내의 복원 기술이 현재처럼 발전되지 못해 복원 작업은 거의 일본에서 이루어졌다). 우선 원지의 수축도, 신장도, 평량 등을 추정하고 측정하여 원지와 같은 지질의 닥종이를 떴다. 그 다음 이것을 결손된 부분과 동일하게 만들어 원지와 땜질 종이와의 인접선을 섬유 한 가닥 한 가닥을 짜깁기식으로 서로 교차시켜 처리하였다. 마지막으로 원지보다 폭과 길이가 약간 큰 아주 얇은 닥종이를 떠서 배접하였다. 복원이 완료된 원본은 6.7×648cm의 두루마리이다. 종이에 가해지는 힘을 덜기 위해서 작은 심봉을 수납하는 큰 지름의 심봉을 따로 만들어 거기에 배접한 종이 부분이 물려 감기도록 하였다.

세계에서 가장 오래된 목판 인쇄물

이 다라니경의 발견으로 세계 인쇄 기술사에 새로운 학설이 제기되었다. 실제로 석가탑 다라니경이 발견되기 전까지는 770년에 인쇄된 일본의 나라(奈良)시 호류지(法隆寺)의 백만탑다라니경이 세계 최고의 목판 인쇄물로 인정되어 왔다. 그러나 다라니경 마지막행인 '無垢淨光大陀羅尼經'의 9글자는 706년 제작된 국보 37호 경주 구황동 삼층석탑의 사리함 명문에 똑같이 등장하며, 글자를 대조한 결과 동일인이 같은 필체로 조각한 것으로 드러났다. 또한 8세기 초까지 사용된 중국 측천무후 시대에 새로 만들어 쓰던 글자와 비교한 결과 석가탑 다라니경이 적어도 751년 이전에 만들어졌음도 밝혀졌다. 그러므로 전상운 박사는 다라니경이 704년과 751년 사이에 인쇄된 것이 분명하다고 주장하고 있다. 무구정광대다라니경은 간행 연대가 분명하게 밝혀진 중국의 금강경(868년)보다 훨씬 앞선 세계 최고의 인쇄물로서 인쇄 역사상 대단히 중요하다. 이러한 견해는 미국의 레드야드(Ledyard) 교수가 뉴욕 타임즈와 학계에 보고하여 전 세계에 알려졌다. 폭 6.7cm의 목판에 글자를 새기는 과정은 어떠한 오차나 실수도 허용치 않는 고도의 집중력과 긴장이 필요한 작업이기에 최고의 장인이 아니면 할 수 없는 작업이다. 석가탑 다라니경의 글자 한 자 한 자는 단순한 인쇄물이 아니라 새긴 사람의 혼이 담긴 작품이다. 다라니경은 재난이 없는 세상을 갈구했던 신라인들이 석가탑의 겉모습뿐 아니라 그 안까지도 경전의 세계로 만들고자 했음을 말해준다.

전통 속의 첨단 공학기술

고려대장경

목판 인쇄 기술사의 금자탑

　우리가 세계에 자랑할 수 있는 고려시대의 기술 중 하나가 인쇄 기술이다. 신라의 목판 인쇄 기술이 고려에 들어서 장족의 진보를 보여 고려의 인쇄 기술은 세계 최초의 금속활자로 발전되었다. 이러한 기술 발전은 세계에서 가장 규모가 크고 훌륭한 최고(最古)의 고려대장경을 판각하기에 이르렀다.

　흔히 우리에게는 해인사 팔만대장경판으로 알려진 이 '재조대장경(再雕大藏經)'은 정판 1,547부 6,547권, 보판 15부 236권으로 모두 1,562부 6,783권이며, 총 경판 81,137판이 663개의 함으로 나누어져 있다. 그 인본을 축쇄 영인하여 책으로 만든 고려대장경은 1천 면 안팎의 국배판 47책에 이르는 방대한 분량의 불교 전집이다. 경판 한 장의 제원은 세로 26.4cm, 가로 72.6cm, 두께 2.8~3.7cm, 무게 2.4~3.75kg이다. 전체 경판의 무게는 26만 kg이며 4톤 트럭으로 65대 분량의 거대한 규모이다. 재료는 산벚나무와 돌배나무이다.

　이것은 고려 고종 23년(1236년)부터 16년간에 걸쳐 제작되었다. 부처의 힘을 빌려 몽고의 침입으로부터 국가를 보호하고 몽고군을 물리치려는 일념으로 벌인 국가적 사업의 결과인 것이다. 현재 국보 32호로 지정되어 합천 해인사의 장경고에 소장되어 있으며, 1995년 유네스코 지정 세계문화유산으로 등록된 세계 인류의 유

전통 속의 공학기술

팔만대장경이 소장되어 있는 해인사 장경각 회랑

산이다. 이것은 동양이 낳은 위대한 문화 산물인 불교의 모든 것을 담은 불교 전집이다.

우선 우리를 놀라게 하는 것은 경판 전체에 새겨진 글자 수 5,233만여 자이다. 이것은 200자 원고지로 환산하면 25만 장이 넘고, 오백여 년간 조선왕조의 역사를 기록한 역대 왕조실록의 글자 수와 맞먹는다. 또한, 구약성서와 신약성서를 합친 131만여 자와는 비교가 안 되는 엄청난 수이다.

둘째, 경전 내용의 정확성은 다른 경전에 비할 바가 아니다. 조판 사업을 주관한 수기는 고려본, 송본, 거란본을 모두 참조했다. 이 모든 자료를 철저히 교정하여 오류를 시정함으로써 가장 완벽한 경판을 제작하였다. 몽고군이 점령한 전시임에도 불구하고 일사불란한 체계로 제작한 것이다. 마치 한 사람이 쓴 듯한 구양순체의 단아한 글씨체를 유지하여 한 글자도 잘못 쓰거나 빠뜨림 없이 완벽함을 기했다. 요즈음 사람으로서 도저히 따라갈 수도 없거니와 상상하기조차 힘든 일이다. 더구나 먼저 붓으로 경문을 쓰고 나서 그 글자를 다시 하나하나 판각하는 순서를 거쳐 제작된 경판도 경판이려니와, 글자를 한 자씩 쓸 때마다 절을 했다 하니 그 끝없는 정성이 보이는 듯하다.

경판의 양쪽에 편목(片木)을 끼워 붙이고 네 마구리에는 순도 99.6%의 동판으로 된 직사각형의 띠를 둘러서 판목이 뒤틀리지 않도록 하였다. 전기 분해 기술이 없던 13세기였음을 상기하면 거의 신비에 가까운 야금 기술의 소산이다.

전통 속의 공학기술

장경각 내부(합천 해인사)

경판을 고정하는 데 사용한 수백만 개의 쇠못은 오늘날까지도 녹이 슬지 않은 채로 보존되어 있다. 동판을 고정하는 데 쓰인 못의 성분은 94.5%~96.8%의 순도를 가진 단조품이다. 저탄소강이라고 할 수 있는 이 못들은 0.33~0.38%의 망간을 포함하고 있는데 이는 철의 가공성을 높이기 위해 첨가한 것으로 보인다. 오늘날 우리는 이러한 양질의 쇠못을 제조할 수 있었던 당시의 제철 기술이 어떠한 것이었는지 알 수 없다. 오늘날 상업적으로 이용되는 구리는 자연 광석을 제련하거나 여과 과정을 거친 뒤에 전기 분해로 정제시켜 생산한다.

또한 경판 표면의 옻칠은 실로 엄청난 양이었다. 편목(인출시 손잡이 역할)을 적절한 크기로 만들어 경판 표면이 서로 달라붙지 않게 하고, 환기를 위한 여유 공간을 확보해 경판의 표면이 썩지 않도록 한 것은 보관 기술의 극치라 할 수 있다. 판목은 옆으로 세워서 차곡차곡 끼워 넣게 만든 판가에 보존해 놓았다. 이러한 것들을 일관되게 생산할 수 있던 기술 공정에 대하여는 아직 연구된 바가 없다.

셋째, 대장경의 가치는 750여 년이 지난 지금에도 완전한 보존 상태를 유지함으로써 더 큰 빛을 발하고 있다. 우리 나라의 목판 보관 기술의 개가라 할 수 있다. 경판은 오랜 기간이 지나도 뒤틀리지 않고 단아한 모습과 아름다운 글자체를 유지하고 있다. 이러한 사실은 대장경이 신품(神品)의 공예품이고, 당시 세계적이던 목판 제작 기술의 창조성과 첨단성의 결과임을 증명하고도 남는다.

장경고 : 보존 과학의 개가

그토록 방대한 양의 목판을 750여 년 동안 보존 관리할 수 있었던 것은, 습도와 온도를 유지해주는 완벽한 자연식 환기 시스템과 해충으로부터 목판을 보존할 수 있는 조선 초기의 완벽한 건축 기술에 힘입은 바가 크다. 해인사의 대장경판전이라고 불리는 건물은 모두 2동이다. 경판고의 앞뒤 벽에 서로 다른 크기의 붙박이살창(환기창)을 만들어 바람이 들어와 한바퀴 돌아 나가게 한 것, 벽을 상하로 나누고 크기가 서로 다른 환기창을 위아래로 배치하여 내부로 들어온 공기가 아래위로 돌아 나가는 동시에 공기 유출입량을 조절하여 알맞은 온도와 습도를 유지하도록 한 것은 전통 건축 기술의 일단을 말하는 좋은 보기이다. 그리고 건물 내부 바닥엔 숯, 횟가루, 소금 등을 뿌려 습도 조절과 해충 방지 효과를 극대화했다.

이와 같이 창의 크기와 위치를 조절한 완벽한 통풍 시스템의 창안은 두고두고 인구에 회자될 자랑거리이다. 최근 이태녕 교수가 건물 안의 온도 변화를 측정한 결과, 계절의 변화에도 불구하고 경판고의 온도와 습도 변화가 아주 적다는 것을 밝혔다. 실험 고고학의 개가이다. 제3공화국 시절에 정부는 이러한 자연 환기 시스템이 후진적이라고 판단해 당시 최첨단의 경판고를 신축하였으나, 원래의 것에 미치지 못하여 포기한 바 있다.

우리는 5천 년의 오랜 역사를 가진 나라이다. 중국 문명의 강한 영향을 받긴 했으나 중국과는 다른 독자적인 과학 기술의 전통을 쌓았다. 21세기는 창의력, 창조력이 경쟁의 핵심이고 무기인 시대이다. 우리 민족에게는 이와 같은 선조의 창조적인 전통이 있기에 세계 초일류국이 될 수 있다는 자긍심을 가져도 좋을 것이다.

계미자와 갑인자

인쇄술의 혁신

　세종대왕의 치적 가운데 가장 위대한 업적은 한글의 발명이다. 세종은 한글로 백성을 교육하기 위하여 서적을 널리 보급하기로 결심하고 인쇄술의 개량에 착수하였다. 고려시대에 발명된 금속활자 인쇄술은 조선왕조 태종 대에 계미자라는 활자로 개량되었다. 그 결과 갑인자라는 조선 최고의 활자를 주조하였고, 대쪽으로 단단하게 인판(印版)을 고정하는 조판법의 개발로 우수한 인쇄용 먹물감과 더불어 양질의 종이에 찍힌 아름답고 우아한 서적을 출판할 수 있었다. 1434년에 주조된 갑인자는 19세기까지 일곱 번 이상 더 주조될 만큼 활자가 아름다워 사람들의 사랑을 받았다.

　1447년에 주조된 한글 활자(뒷면 사진 참조)는 강직하게 직선으로 그려진 인서체(印書體)로서 광개토대왕 비문의 글씨체에서 볼 수 있는 강건함, 정교함, 우아함이 넘친다. 오늘날에도 이 글자를 모아(集字) 만든 책의 표제나 단체 이름을 흔히 볼 수 있을 만큼 세종의 한글 활자는 5백여 년이 지난 오늘날에도 우리의 사랑을 받고 있으며, 컴퓨터를 이용한 글자체 개발에도 널리 이용되고 있다. 아마도 글자를 발명하여 활자로 만들고 인쇄하여 서적으로 펴낸 사람은 역사상 오직 세종대왕뿐일 것이다.

　이러한 과정에서 가장 중요한 역할을 맡은 사람은 백곡(栢谷) 이천(李蕆, 1376~1451)이다. 이천은 뛰어난 관료로서, 무장으로

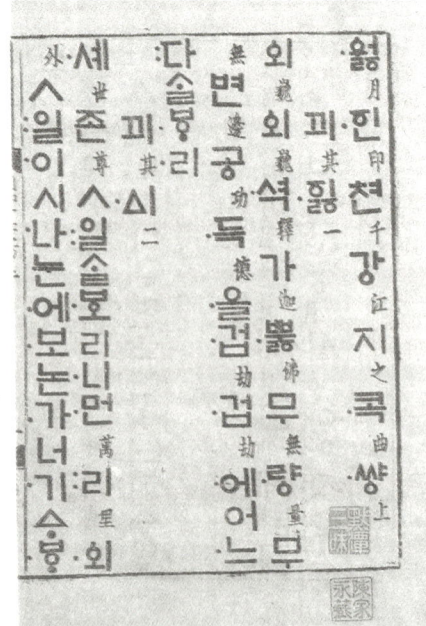

갑인자로 인쇄한
《월인천강지곡》

서, 유능한 기술자로서 세종의 과학·국방·음악·인쇄술의 혁신을 주관하였다. 세종은 이천을 만남으로써 한글 창제를 비롯한 여러 분야의 위업을 완성할 수 있었다 해도 과언이 아니다.

조선 금속활자의 백미 - 갑인자

1234년에 처음으로 발명된 금속활자 인쇄술은 인쇄 기술사의 한 획을 긋는 고려시대의 위대한 문화의 소산이다. 그러나 이 기술이 빠르고도 경제적인 활판(活版) 인쇄술로 개발되어 실용화되기까지는 오랜 세월이 걸렸다.

새로운 왕조의 기틀이 안팎으로 안정된 태종 3년(1403년)에 이르러 태종은 주자소(鑄字所)를 설치하고 오랫동안 단절된 활자 주조에 착수하여 계미자(癸未字)라는 조선 왕조 최초의 금속활자를 만들어냈다. 이것이야말로 태종의 뒷받침이 없었으면 탄생하기 어려운 발명품이었다. 이 활자는 활자 밑 끝이 뾰족하여 밀납 바탕에 활자를 꽂아 판을 짜야만 책장을 찍을 수 있었다. 인쇄 과정에서 몇 장만 밀어내면 활자가 흐트러져서, 인쇄를 멈추고 활자를 바로잡기 위해 인판에 밀납을 수시로 녹여 붓고 식힌 다음 다시 인쇄할 수밖에 없었다. 하루 인쇄 분량은 고작 10여 장 정도에 머물렀다.

세종은 인쇄 능률을 올리기 위하여 당시 공조 참판이던 이천으로 하여금 크기와 모양이 고른 새로운 활자를 주조하도록 하였다. 세종 2년 11월에 남급, 김익정, 정초의 도움을 받아 다음해인 경자년 5월에 활자를 주조했는데 이것이 경자자(庚子字)이다. 《세종실록》에 따르면 "청동 인판과 활자의 모양을 개주하여 서로 맞도록 하였기 때문에 밀납을 녹일 필요도 없이 활자가 움직이지 않고 매우 해정하여 하루에 수십여 지를 찍어낼 수 있었다"고 한다. 경자자 인쇄는 아직도 밀납식 판짜기에서 벗어나지 못하였음을 알 수 있다.

이천은 장영실 등과 함께 크기가 10mm×11mm인 경자자의 글자체를 키우고, 활자와 인판을 보다 신속하고 완벽하게 짜서 인쇄

능률을 높이기 위한 새로운 활자의 개발에 착수하였다. 세종 16년(1434년) 갑인년 7월 초에 크고 작은 활자 20여만 자를 새로 만들었으니 이것이 조선시대 금속활자의 기본이 된 갑인자(甲寅字)이다. 크기가 14mm×15mm인 이 활자는 크기가 고르고 네모난 형태여서, 판을 짤 때에 밀납을 녹여 붓는 대신 대나무 조각으로 틈새를 메우는 소위 조립식 판짜기가 가능하였다. 따라서 인쇄 분량은 하루에 40여 장으로 늘어 이전보다 배로 증가하였다.

갑인자를 사용해본 결과, 밀납을 녹이는 비용이 절감되었으며, 일의 능률이 향상되었고, 종이의 질도 좋아져 먹물이 진하게 배어들었다. 이때 이천은 새로운 합금법을 개발하여 최상급의 놋쇠로 갑인자를 주조하였다.

손보기 교수의 형광화 분석 연구에 따르면, 이 활자는 구리 84%, 아연 3~7%, 납 5%, 무쇠 0.1%로 구성되어 그 강도가 미국 해군의 대포에 사용되는 금속('admiralty gunnery material'이라 하며 여기에 쓰이는 놋쇠를 'U. S. Navy Bronze'라 한다)에 필적하였다고 한다. 또한 납은 용융점(32.7°C)이 낮고 빨리 굳어서 큰 활자를 만드는 데 적합하다는 것을 알아냈다. 이천은 이를 이용하여 병진자(丙辰字, 일명 진양대군자. 크기 22mm×30mm)를 만들어 이 분야에 있어 선구자적인 역할을 하였다.

고강도 놋쇠 합금법의 개발

당시 이천은 천문대인 간의대(簡儀臺) 건설과 간의를 비롯한 천체관측용 기구와 앙부일귀, 자격루를 비롯한 시간 측정 기구를 제작하는 의표창제(儀表創製) 사업을 주관하였다. 때문에 활자의 주조에도 첨단 기술을 활용함으로써 인쇄 기술의 혁신을 기할 수 있었다.

이천이 개발한 합금 기술은 과학 기구를 비롯하여 무기, 악기, 엽전의 제작에도 사용되어 오늘날까지도 그 명성이 전해오고 있다. 그가 개발한 놋쇠 합금 기술을 오늘날에 되살려 활용할 만도 하다. 이와 관련하여, 미국의 금속학자들이 오래전부터 우리 나라의 전통 합금 기술에 깊은 관심을 보여왔음을 간과해서는 안 되겠다.

앞서 언급한 바와 같이 갑인자는 한글 금속활자와 처음으로 병용되었다. 이 한글 활자는 세종 28년(1447년)에 세종보다 먼저 승하한 소헌왕후의 명복을 빌기 위해 엮은 국역본《석보상절(釋譜詳節)》과 그것을 세종께서 읊으셨다는 국한문본《월인천강지곡(月印千江之曲)》을 찍기 위하여 주조된 것이다. 갑인자 한자와 한글 활자가 서로 조화롭게 짜여 인쇄된 책을 보면 그 우아함과 정교함이 우리 나라 금속활자본 중 백미임을 자랑할 만하다. 더구나 세종께서 한글을 창제하시고 곧 바로 활자를 주조하여 우리도 문자를 소유한 문화 민족임을 내외에 선포한 점에서 그 의의가 한층 되새겨진다.

이렇듯 우리 나라의 인쇄 기술은 이천이 주관한 갑인자에서 창의적인 일대 혁신이 단행되어, 그 면모와 기능을 현대의 활판 인쇄술과 같이 완전하게 쇄신할 수 있었다. 이천의 갑인자 인쇄 기술이 구텐베르크의 인쇄술처럼 세계적으로 발전되지는 못하였지만, 활자 주조법의 혁신과 조판법의 개발에 기여한 공로는 우리 인쇄문화사의 한 면을 장식하기에 부족함이 없다.

시계 및 시간측정

자동 물시계 | 양부일귀 | 일성정시의 | 혼천시계

자동 물시계

물시계의 역사

신라시대에는 경주 황룡사에 누각(漏刻)이라는 물시계를 만들어 설치하고 누각전이라는 관청에서 표준 시간을 알렸다. 우리 나라의 물시계 제작기술은 일본에도 전해져 일본에서 물시계의 신으로 모셔지는 천지(天智) 천황의 물시계도 우리 나라 기술자가 만들었다고 한다. 삼국시대의 물시계 유물이 남아 있는 것이 없어 정확한 구조를 알아내기는 어렵다. 그러나 물시계의 대부분은 나무나 돌로 계단을 만들고 위에서부터 3개 내지는 4개의 파수호를 일렬로 배열하였다. 물시계 맨 위의 항아리에 물을 넣으면 차례로 아래의 항아리로 흘러 맨 아래의 항아리에서 수수호에 일정하게 물을 공급하는 유입식(流入式)이 주류를 이루었다. 시간을 측정하려면 맨 아래 파수호 밑에 수수호를 놓고 그 안에 눈금을 매긴 잣대를 띄워 놓는다. 그러면 수수호 안의 물이 불어나는 대로 잣대가 떠오르는데, 이 잣대의 눈금을 읽어 시각을 알아낼 수 있었다.

우리가 쓰고 있는 만원권 지폐에서 '물시계'를 찾아보라고 하면 제대로 찾는 사람이 그리 많지 않다. 이것은 우리 나라의 시계 기술을 대표하는 과학기술 문화재인 국보 229호 '보루각 자격루'의 그림이다. 원래는 시간을 알리는 종, 북, 징을 작동시키는 디지털 방식의 시보 장치가 있었으나 오랜 세월이 지나는 동안 유실되었다. 지금은 청동으로 만든 물시계 부품인 물 공급용 항아리인 파수호 3개, 파수호의 물을 받아 시간을 측정하는 데 쓰이는 항아리인 수수호 2개와 약간의 부품만 남아 있다. 이것의 실물은 덕수궁의 광명문 안에 전시되어 있는데, 1434년에 장영실이 세종대왕의 명으로 만든 것을 1536년에 박세룡이 개량한 유물이다.

물시계는 밤낮의 시간을 알아내는 데에 해시계나 별시계보다 쓸모가 있어 기계식 시계가 나오기까지 표준 시계로 널리 쓰였다. 시간 측정의 정밀도를 높이려면 시각 눈금들 사이의 간격을 세밀하게 새겨야 한다. 중국 물시계의 잣대 길이는 50~60cm 정도로 눈금 간격을 1각(15분) 단위밖에는 매길 수 없었다. 그래서 세밀하게 측정하기 위하여 수수호의 물을 하루에 네 번 바꾸어 한 눈금 간격을 4분 정도로 높였다. 이럴 경우 항아리의 물을 빼고 잣대를

전통 속의 공학기술

보루각 자격루(국보 229호)

갈아 끼우는 동안에는 하는 수 없이 시간 측정이 중단되었다. 따라서 연속적으로 측정하는 데 문제가 생겼다.

이 문제를 해결한 사람이 바로 장영실이었다. 그는 우선 수수호의 높이를 중국 것의 4배 정도로 키우고 잣대의 길이도 4배로 길게 만들었다. 그렇지만 문제가 완전히 해결되지는 않았다. 수수호 한 개로 하루의 시간을 측정할 경우, 하루가 지나면 항아리가 가득 차게 되어 더 이상은 시간 측정이 곤란했다. 따라서 수수호의 물을 비우고 새로 물을 받아 시간 측정을 시작해야 했다. 결국 고민 끝에 장영실은 수수호 2개를 만들어 교대로 사용하는 방법을 발명하였다. 잣대 길이는 거의 2m나 되었다. 눈금 단위는 약 1분 정도로 중국의 것보다 10배 이상 세밀하게 시간을 측정할 수 있었다.

수수호는 높이 225cm, 지름 36cm인 원통인데, 여기에 물을 가득 채웠을 때 받는 커다란 수압에도 변형이 되지 않도록 통 둘레를 용트림으로 장식하여 460여 년이 지난 지금도 통 아래위의 지름이 똑같다. 수수호 속의 물을 빼내는 데는 사이폰(渴鳥)을 이용하였다. 이는 고압에 견디는 밸브식 잠금 장치를 만들기 어려워서라기보다 근본적으로 누수를 완벽하게 방지하기 위한 최선의 방법이었다. 물은 곧 시간이고, 시간은 곧 왕권이므로 누수는 왕권이 샌다는 뜻을 의미하였다. 왕권에 누수 현상이 생기는 것을 원하는 임금은 아무도 없기 때문에 누수 방지 기술은 그만큼 중요했다.

물시계는 정치적, 과학적 사고가 결합된 통치 도구였지만 디지털 정보시대를 예견한 선인들의 혜안의 산물이다. 과학기술 문화재가 우리의 얼굴인 지폐에 그려져 있다는 것 또한 세계의 자랑거리가 아닐 수 없다.

기술사의 금자탑-자격루

조선 세종 시대에 장영실(蔣英實)이 만든 자격루(自擊漏)는 자동 시보장치를 갖춘 물시계로서 당시 동아시아에서는 유일한 것이었다. 처음에 세종은 장영실로 하여금 경점지기(更點之器)라는 물시계를 만들게 하였다. 이것은 앞 절에서 본 바와 같이 항아리를 층층이 놓은 다음, 맨 위 항아리에 물을 채워 차례로 흐르도록 함으로써 가장 아래에 있는 물 항아리에 띄운 잣대가 일정하게 흐르는 물의 부력으로 떠오르면, 여기에 새긴 눈금을 읽어 시각을 알아내는 방식이었다. 그러나 이 물시계는 밤낮으로 사람이 지키고 있다가 잣대의 눈금을 읽어야 하는 불편이 있었다. 세종은 다시 장영실에게 "사람이 눈금을 일일이 읽지 않고도 때가 되면 저절로 시각을 알려주는 물시계를 만들라"고 명하였으며, 세종 15년(1433년) 장영실은 '자동 시보장치가 달린 물시계' 제작에 성공하였다.

그러면 자격루는 시간이 되면 어떻게 자동으로 시각을 알렸을까? 이 시계의 작동 원리는《세종실록》65권(세종 16년 7월 1일자) 〈보루각기(報漏閣記)〉에 자세히 기록되어 있다. 자격루는 시간을 측정하는 물시계(뒷면 그림의 왼편), 물시계로 측정한 시간을 종·북·징소리로 바꿔주는 시보장치(그림의 오른편), 물시계와 시보장

전통 속의 첨단 공학기술

물시계(시간을 측정한다)

전통 속의 공학기술

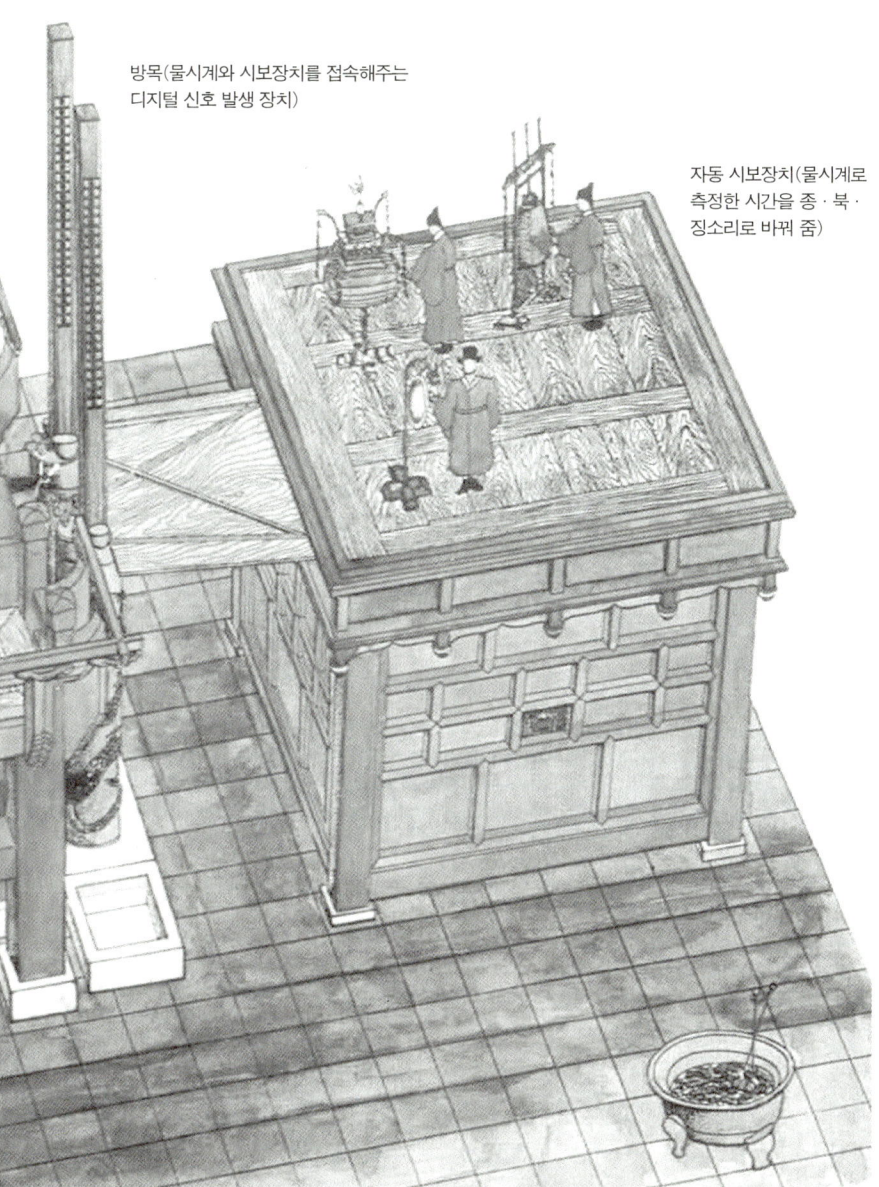

▮ 보루각 자격루(복원도, 건국대학교 한국기술사연구소)

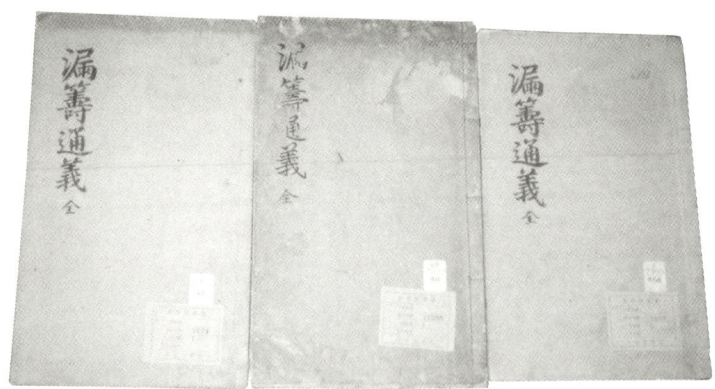
| 보루각 자격루의 시간운영지침서(12시 100각법, 세종 시대 편찬)

치를 접속해주는 방목(方木)이라는 디지털 신호발생장치(그림의 중간 부분 네모난 2개의 기둥)로 구성되어 있다. 지금으로 말하면 자격루는 물시계에서 측정된 아날로그 신호를 디지털 신호로 변환시켜주는 A/D변환기, 그리고 십이시(十二時)와 경점법(更點法, 하룻밤을 5경으로 나누고 매 경을 다시 5점으로 나누던 고대의 시법)에 맞추어 고안된 논리장치와 연산장치들을 갖춘 기계식 디지털시계이다.

시보장치 상단에는 시, 경, 점을 담당하는 3개의 시보인형(로봇)이 각각 종, 북, 징을 칠 수 있는 기구(채)를 들고 서 있다. 시간이 되어 시보장치 속 인형들의 팔뚝과 연결된 제어 기구가 작동하면 인형의 팔뚝이 움직여서 종, 북, 징이 울리게 된다. 이러한 동작은 시보장치 안의 동력 공급, 논리·연산장치들에 의해 자동으로 이루어진다. 요즘으로 말하면 시보장치는 로봇 제어기라 할 수 있다. 인형 가운데 하나가 종을 울려 십이시를 알려주어 시를 담당

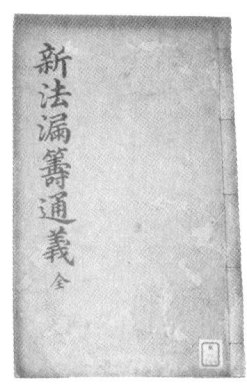

보루각 자격루의 시간운영지침서(12시 96각법, 정조 시대 편찬)

한 인형이 종을 울리면 곧이어 시보장치 안에서 십이지신(十二支神) 가운데 그 시에 해당하는 동물 인형이 시 이름이 적힌 팻말을 들고 나온다. 곧, 자시(子時)에는 자시를 상징하는 쥐가 '자' 자가 적힌 팻말을 들고 나와 지금 울린 종소리가 '자시'임을 알려주었던 것이다. 나머지 2개의 인형은 밤 시간에만 경점의 숫자대로 북과 징을 울려주는데, 1경 1점에서 북과 징을 울리기 시작하여 5경 5점까지만 작동된다. 예를 들어 3경 1점이 되면 북을 3회, 징을 1회 울려준다. 이와 같은 자격루의 탄생으로 조선 고유의 치안 유지 제도인 인정·파루(人定·罷漏)가 비로소 제대로 시행될 수 있었으니 이는 한마디로 디지털 기술의 개가라 할 만한 것이었다.

자격루의 제작 기술은 장영실이 만든 또 하나의 자동 천문시계인 흠경각루(欽敬閣漏, 일명 玉漏)를 비롯하여 1669년에 송이영이 만든 자명종(自鳴鐘) 등에도 전승되었다. 자격루는 15세기 초 제어계측 기술의 백미이며, 우리 나라 시간 측정사를 비롯한 로보틱스, 오토메이션의 역사에 길이 남을 위대한 발명이다. 경점을 제어하는 5진법 연산장치는 복잡하고 정교하여 15세기 기술로 보기에는 믿기 어려운 당시의 최첨단 기술이다.

우리는 이와 같은 자랑스런 문화유산을 남긴 세종대왕을 비롯하여 자격루 제작에 참여한 분들의 피땀어린 노력과 공헌을 길이 기억하고 첨단 기술시대에 활용할 수 있는 지혜를 발휘해야 하겠다. 자격루가 실물로 복원되어 다시 한번 우리 민족의 높은 과학성과 창조성이 눈앞에 드러나기를 고대한다.

앙부일귀―빛과 그림자의 파노라마

오목 해시계

　경복궁의 사정전 앞, 창덕궁의 대조전 앞, 비원의 주합루 앞, 덕수궁의 궁중유물전시관 앞에서는 아름다운 조각이 새겨진 돌 받침대 위에 청동을 부어 만든 솥 모양의 해시계를 볼 수 있다. 이것이 우리 나라의 대표적 해시계인 앙부일귀(仰釜日晷)이다. 앙부일귀는 솥이 하늘을 쳐다보고 있는 형상이라서 붙여진 이름인데 천문학자인 이은성과 유경로 님은 이 시계에 오목 해시계라는 또 다른 이름을 붙였다.

　《세종실록》에 따르면 앙부일귀는 원(元)나라의 곽수경(郭守敬)이라는 천문학자가 고안한 앙의(仰儀)라는 천체 관측기를 참고로 만들었다고 한다. 세종 19년(1437년) 4월에 처음으로 2개를 만들어 사람들이 많이 모이는 운종가(지금의 종로) 근처의 혜정교(지금의 광화문 우체국 뒤편)와 종묘 앞에 설치하였다. 이것이 우리 역사상 최초의 공중용 해시계의 효시이다. 이 시계 안에는 시간의 눈금 위에 시를 나타내는 십이지를 상징하는 동물의 인형을 그려 넣어 글자를 읽을 줄 모르는 사람들도 시간을 알 수 있게 배려하였다.

시각선과 절기선으로 시간과 절기를 알아

　앙부일귀의 구조는 오목한 반구 안에 해의 그림자를 받는 수영

전통 속의 첨단 공학기술

창덕궁 대조전 앞 앙부일귀

전통 속의 공학기술

앙부일귀(보물 845호)

면(受影面)과 시반(時盤), 해의 운동을 그림자로 만들어 주는 영침(影針)이라는 끝이 뾰족한 막대와 지평환으로 이루어졌으며, 북극을 향해 남극점에 영침을 비스듬히 꽂는다. 시반의 시각선은 12개의 경선(經線)으로 해가 정남하는 자오선(오정)을 중앙에 두고, 왼쪽에서 오른쪽으로 세로로 2시간 간격으로 매기고, 매 시의 중간에 시의 이름을 적어 넣었다. 세종 시대에는 하루의 시간을 100각으로 하는 시법에 따라 눈금을 새겼다. 매시는 $8\frac{1}{3}$각이고, 초와 정은 각각 $4\frac{1}{6}$각으로 구분하여 눈금을 매긴다. 해시계의 그림자는 왼쪽에서 오른쪽으로 이동하는데 이를 시계방향(clockwise)이라고 한다.

시반에 13개의 위선(緯線), 곧 절기선을 긋고 지평환 위에 24절기 이름의 반을 새기는데 오른쪽 지평면 맨 위부터 동지, 소한, 대한의 순서로 맨 밑이 하지가 된다. 해 그림자가 가장 긴 동지부터 시작하여 가장 짧은 하지까지 오면 한 해의 반이 지났다는 것을 뜻한다. 다시 절기선의 맨 아래인 하지부터 시작하여 소서, 대서의 순서로 소설, 대설, 동지까지 올라오면 다시 반년이 지났음을 알 수 있다. 시반의 왼쪽 지평환의 맨 아래 하지부터 시작하여 절기를 적어 올라오면 맨 위가 동지가 된다.

따라서 해 그림자의 가로 위치를 읽으면 하루의 시각을, 세로 위치를 읽으면 일 년 중의 날짜와 절기를 동시에 알 수 있어 앙부일귀는 만능 역법 시계(calendrical clock)라 할 수 있다.

앙부일귀와 같은 해시계는 로마시대에도 만들어졌는데 간단히 동지, 춘·추분, 하지를 알아내는 정도에 그쳐 우리의 것처럼 절기와 시간을 동시에 알아낼 수는 없었다.

휴대용 해시계

조선 후반기에 들어서는 역법 체계의 변경으로 하루를 96각으로 정하고 하나의 시를 초와 정으로 구분하여 각각 4각으로 하였다. 1각은 15분으로 나누었다. 지금의 한 시간은 60분으로 4각에 해당한다. 따라서 시계의 눈금도 세종 대의 100각법과 달라 96각법에 따라 새겼다. 현재 남아 있는 17세기 이후의 앙부일귀는 15분 간격으로 눈금을 새겼다.

궁중에서 쓰던 것들은 4마리의 용이 솥을 떠받치는 형상을 하고 있으며 한양의 북극 고도(위도) 37도 39분 15초, 24절기를 나타내는 글자와 눈금은 모두 은입사(銀入絲) 기법으로 새겨 넣어 예

전통 속의 공학기술

▌12지신을 조각한 평면 해시계

▌백자 앙부일귀

▌휴대형 앙부일귀(조선시대 후기, 강윤(姜潤) 제작)

술적으로도 매우 수준 높은 작품임을 알 수 있다. 이 중에는 청동 대신 백자로 구운 명품도 더러 있는데 국내에서는 보기 어렵고 일본 동경에 있는 국립과학박물관 등에서 볼 수 있다. 그 밖에 개인의 정원에 놓기 위해 자연석이나 대리석으로 만든 오목 해시계나 평면 해시계도 가끔 눈에 띈다. 19세기 후반 강윤(姜潤)이라는 사람이 만든 상아제의 소형 앙부일귀는 매우 정교하고 예술적으로 만들어져 고위층 인사들이 애용했을 것으로 보이는데, 최근에 여러 개가 국내외에서 발견되었다(사진 참조). 이 가운데 중국에서 발견된 것은 사신들이 가져간 정부의 예물로 여겨진다. 이 시계는 앙부일귀와 나침반으로 구성되는데 시각을 알고 싶을 때는 평지에 놓고 남북을 맞춘 다음 측정하였을 것으로 생각된다.

일성정시의

표준 시간 알려 주기

　요즘 우리 나라 표준 시간을 서울의 경도 127도 30분에 맞춰 정하자는 논의가 일부에서 활발하게 전개되고 있다. 우리 나라는 동경 127도 30분인데, 일본 동경의 경도 135도에 맞춘 표준 시각을 쓰고 있어 실제 시각과 30분의 차이가 난다는 것이다. 이것은 사실이다. 그래서 1960년대 초에 127도 30분 표준시를 쓰다가 불편하여 다시 현재의 방식으로 돌아왔다. 세계화 시대에 표준시를 고치는 일이 온당한지는 두고 볼 일이다. 그러나 우리가 알아야 할 것은 현재 일본 표준시가 아닌 세계시(world time)에 맞추어 정한 시간대를 표준시로 쓰고 있다는 사실이다.

　그러면 예전에는 무엇을 기준으로 표준 시간을 정하였을까? 조선시대에는 세계 시간이 아닌 한양의 지방시(local time)를 표준으로 삼았다. 그래서 태양이 한양(위도 37도 39분 15초)에 남중하는 시각을 오정(午正)으로 삼았다. 한양을 기준으로 해가 뜨고 지는 시각을 정한 것은 세종 대에 《칠정산 내편》을 엮으면서부터이다. 조선 후반기로 와서 경도의 개념인 동서편도가 정해지고, 이것에 따라 각 지방시를 정하면서 한양은 연경(북경)과 편도가 15도이므로 1시간의 시간 차이가 난다는 사실을 알았다. 한양을 기준으로 삼았던 시절이야말로 표준시에 관한 한 독립적이었다.

　지금은 우리 나라 국립천문대에서 알려주는 표준 시보에 시계

전통 속의 첨단 공학기술

| 일성정시의. 현재 왼쪽 것은 남아 있지 않고, 오른쪽 것은 세종대왕기념관에 남아 있다.

를 맞추지만 오래전 천문대 시설이 빈약하던 시절에는 일본 동경 천문대에서 보내주는 낮 12시 시보를 라디오에서 중계하여 알려주었다. 시간을 맞추려면 손목시계의 용두를 빼어 시계를 정지시킨 다음 기다렸다가 라디오에서 나오는 '뚜 뚜' 소리에 맞추어 용두를 제자리에 끼어 시계가 다시 가도록 해주면 되었다.

옛날에는 어떻게 표준 시간을 알아내어 사람들에게 알려주었을까? 조선시대 국가의 표준 시계는 보루각 자격루였다. 세종 시대에 장영실이 처음 만들어 경복궁의 보루각에 설치한 이 시계는 세종 16년(1434년) 7월 초하루부터 국가의 표준 시계로 채택되어 아침·점심·저녁으로 서울 사람들에게 시보를 알려 생활의 리듬을 유지하도록 해주었다.

전통 속의 공학기술

▌복원한 일성정시의로 낮시간(왼쪽)과 밤시간(오른쪽) 측정법을 시현하는 필자(남문현)

물시계를 새로 시작하는 시각은 오정이며, 이 시각을 기준 시계(보통은 해시계)로 알아내어 물시계 관리자들에게 알려주면 되었다. 우리가 라디오 시보에 따라 시계를 맞추듯이 기준 시계 관리자가 오정이 되었음을 알리는 신호를 물시계 관리자에게 보내면 이것을 신호로 빈 항아리에 물을 흘려 넣기 시작하였다.

이 기준 시계로 사용된 기기가 일성정시의(日星定時儀)이다. 일성정시의라는 이름이 뜻하듯이 이것은 '해와 별로써 시각을 결정하는 기기'이다. 해시계로는 물시계를 교정할 수 있는 오정 시각을 정확히 구하고, 별시계로는 북극성의 위치를 추적하여 천문시간(항성시)을 구하여 365일 동안의 날짜를 정확하게 계산하였다. 경복궁에는 북극성을 관찰하기 편리한 만춘전 동쪽에 일성정시의를 올려놓고 관측할 수 있는 일성정시의대를 쌓고, 그 위에서 밤낮으로 담당 관리가 시각을 측정하였다(오른쪽 그림 참조).

세종대왕의 발명품

일성정시의의 구조와 원리 그리고 사용법은 《세종실록》 77권 (세종 19년 4월 15일)에 실려 있는 김돈이 지은 〈간의대기〉 첫머리에 나오는 〈일성정시의명병서(日星定時儀銘幷序)〉에 자세히 실려 있다. 일성정시의는 당시 동양에서 사용하던 원둘레 365.25도를 적용하였으며, 주천환(周天環, 원둘레를 365.25도로 매긴 환으로 1도는 1일을 나타낸다), 일귀백각환(日晷百刻環, 해시계의 눈금을 새긴 환이며, 당시의 하루 시간은 100각이다), 성귀백각환(星晷百刻環, 야간에 항성시를 측정하는 별시계의 환)으로 구성되어 있다. 그리고 용이 이 환들을 물고 있다.

세종은 모두 4개를 제작하여 하나는 경복궁에 두고, 하나는 서운관에 주고, 나머지 2개는 평안도와 함길도의 원수영에 내려보내 군사에 활용하도록 하였다. 세종 시대의 유물은 지금 하나도 남아 있지 않지만 성종 대에 이것을 소형화시킨 소정시의의 유물이 하나 남아있어 홍릉에 위치한 세종대왕기념관에 전시되어 있다. 1980년대에 영국의 니덤(Joseph Needham) 박사는 《세종실록》과 유물을 바탕으로 일성정시의를 복원하였다. 최근 충북대학교 이용삼 교수와 남문현은 니덤의 복원도를 바탕으로 세종 일성정시의를 복원하는 데 성공하였다.

전통 속의 공학기술

▎일성정시의 관측 상상도

일성정시의는 세종의 발명품이다. 중종대에 창경궁에 보루각을 하나 더 건립하면서 일성정시의대를 축조하였는데 지금도 유물이 남아 있어 보물 851호로 지정하였다. 이곳은 신혼부부가 될 사람들의 야외 촬영장소로 널리 애용된다. 일성정시의는 자격루, 흠경각루, 현주일귀, 측우기와 더불어 세종 시대의 5대 발명품이라 할 만하다.

혼천시계

서양 자명종의 도래

우리 나라에 서양의 과학 문물이 본격적으로 전래된 것은 1631년 인조 때로, 북경에 갔던 정두원이 서양 선교사 로드리게즈(Jeronimo Rodriguez)로부터 서양 과학 관련 서적과 천리경, 일귀관(해시계), 자명종, 화포, 염소화(화약) 등의 물건을 얻어온 것이 시초이다. 정두원이 가지고 온 한역 서양서는 서양의 천문, 지리, 병기를 이해하는 데 아주 중요한 것들이었다.

당시 조선 사람들은 이국 정서가 물씬 풍기는 이 선물에 대해 크게 감격하였지만 로드리게즈가 보내준 귀중하고도 방대한 서양 문물에 대하여 여러 모로 연구하여 실용화할 수 있도록 노력한 위정자나 학자는 아무도 없었던 것 같다. 그 후 심양에 볼모로 가 있던 소현세자가 아담 샬(Adam Schall von Bell)에게서 서양 과학 서적을 받아오고, 김육이 아담 샬이 만든 시헌력(時憲曆)을 쓸 것을 주장하면서 새로운 역법에 대한 연구가 절실하게 되었다.

역법을 바꾼다는 것은 왕조 정치에서는 매우 중대한 일이기 때문에 역대 왕들은 역법을 정비하는 일에 심혈을 기울였다. 효종 5년부터 새로운 역법을 시행하고 서구 천문학에 대한 자극으로 왕의 통치 도구라 할 수 있는 선기옥형(璇璣玉衡)을 새로 정비할 필요성이 대두되어 임진왜란 이후 거의 손보지 못했던 천문의기들을 본격적으로 수리하거나 새로이 만들게 되었다.

이 가운데 하나가 현종 10년(1669년)에 송이영이 만든 천문시계인 자명종(自鳴鐘)이다. 자명종은 원래 서양의 기계 시계를 보고 '저절로 종을 울린다'고 하여 중국에서 붙인 이름인데, 송이영은 시계 장치에 혼천의(渾天儀)를 덧붙여 하루의 시각과 천체의 움직임을 알 수 있게 만들었다. 그는 같은 시기에 이민철이 만든 수력식 혼천의와 구별하기 위하여 이를 '자명종'이라고 불렀다. 학술적으로는 혼천의가 달린 시계를 혼천시계라 부르며, 실내에 두고 관찰하는 부류의 것들은 '실연용' 혼천시계라고 부른다. 이 자명종은 실연용 혼천시계로, 서양의 자명종과는 구별되는 독창적인 한국식 자명종이다.

오랜 세월을 지나면서 이 자명종은 여러 번의 수리를 거쳐 홍문관에서 사용해왔지만 일제 시대에는 인사동 골동품가에 떠돌았는데, 이것을 인촌 김성수 선생이 거금을 들여 수집하여 보관하게 되었다. 혼천시계가 세상에 알려지게 된 것은 1930년대에 당시 연희전문학교 교수였던 루퍼스(Carl Rufus)가 조사하면서부터이다. 루퍼스 교수가 왕립 아세아학회에 소개한 것을 1950년대에 저명한 중국 과학사가인 니덤이 전 세계에 알렸고, 국내에서는 전상운 교수가 혼천시계에 대한 연구에 착수하면서 과학사 분야에서 다루게 되었다.

혼천의는 고대 중국의 순(舜)임금이 천체를 관찰하기 위해 만든 선기옥형(璇璣玉衡)이라는 기구에서 유래하였다. 조선 후기에 남병철(南秉哲)은 사유의 안에 재극권을 추가하여 적도, 황도, 천정

극을 자유자재로 선택할 수 있게 하여 전통 혼천의에 일대 혁신을 이루었다.

관측용 혼천의는 보통 3층으로 된 고리(環)들로 구성되어 육합의, 삼진의, 사유의가 있어 극축에 붙은 망통으로 별을 관찰하는 데 비해, 실연용 혼천의는 사유의 대신에 극축에 세계 지도가 그려진 지구의를 넣어 지구의 운동도 관찰할 수 있게 만들었다.

관상수시를 위해서

그러면 우리의 선조들은 왜 이와 같은 혼천시계를 만들었을까? 혼천시계가 갖는 의미는 아무래도 정치사상사에서 찾아보아야 할 것이다. 중국 고래의 정치사상서인 《서경》에 따르면 요(堯)임금은 일월성신을 역상(曆象)하여 백성에게 때(時)를 알려주었고, 순(舜)임금은 선기옥형으로 관찰하여 7정(七政)을 바르게 하였다고 한다. 동아시아의 유교 문화권에서는 이 요순의 법을 받는 것이 천도(天道)의 실현이라는 왕도정치사상을 낳았고, 천체 현상을 관찰하여 백성에게 때를 알려주는 일 곧, 관상수시(觀象授時)가 제왕의 가장 중요한 임무로 자리잡았다. 따라서 관측을 위한 기본 기구인 혼천의가 발달하게 되었고, 이것으로 측정한 자료를 바탕으로 역법을 작성하였다.

유교를 정치사상으로 삼았던 조선 왕조에서는 정체(政體)를 강화하고 나라의 기초를 튼튼히 하기 위한 상징물로 혼천의를 발전시키게 되었다. 세종 때 만든 혼천의, 간의, 자격루, 옥루, 송이영

전통 속의 공학기술

▎혼천시계(국보 230호, 고려대학교 박물관 소장)

의 자명종, 이민철의 혼천의 등은 모두 이러한 사상적 배경 아래 제작된 것이다. 송이영의 자명종은 정두원이 가져온 것과 비슷한 서양 자명종의 원리에 세종 때에 장영실이 만든 자격루의 원리가 가미된 것이다. 이 자명종은 단순한 서양식 시계가 아니다. 천체 현상을 나타내는 혼천의(사진의 왼쪽)와 시간을 알려주는 시계(사진의 오른쪽)가, 2개의 추를 달고 있는 시계장치(사진의 가운데 부분)에 맞물려 있어 추를 낙하시키면 시계장치가 작동하고, 이것이 혼천의와 시계를 회전시키는 동아시아 최초의 기계식 천문시계였다.

송이영은 톱니바퀴와 흔들이로 조절되는 관형 탈진기(crown wheel escapement)를 이용하여 시계장치를 구성하고, 2개의 추(볏섬을 달 때 쓰는 큰 저울의 추보다 2배는 크다)를 낙하시켜 시계장치를 돌게 하는 추동식 시계(weight-driven clock)를 만들고, 여기에 혼천의를 연결하여 같은 시계장치로 시간과 천체 운동을 나타내었다. 혼천의(지름 40cm) 안에는 사유의 대신에 지구의(지름 9cm)를 설치하였으며, 시헌력에 따라 혼천의 고리의 시각 눈금들을 하루 96각(4각은 지금의 1시간)으로 새겼다. 앞의 그림에서 볼 때 왼쪽이 지구의가 들어 있는 혼천의이고, 세로로 긴 가운데 칸에는 추동식 시계 장치와 종이 들어 있고, 오른쪽 창문에 시패(子丑寅卯 등 시의 이름을 새긴 팻말)를 전시하는 시보장치가 들어 있다. 이것의 외형은 크기가 120×98×52cm의 나무 궤이고, 혼천의와 시계장치들은 나무, 쇠, 황동으로 만들어졌다.

혼천시계는 현재 국보 230호로 지정되어 고려대학교 박물관에 소장되어 있다. 일반에게 공개된 것은 1990년대 초이다. 여러 번의 복제가 시도되었으나 제대로 된 것은 아직 없다. 1960년대 초에 니덤의 연구로 시계장치의 일부가 복원되어 《조선 서운관과 천문계시의기》라는 책에 발표되었으나, 이것의 원리를 파악하여 작동시키려는 본격적인 연구는 한국기술사연구소의 노력으로 최근에야 착수되었다.

 자명종은 동서양 시계 제작 기술의 결정체이며, 한국인의 과학적 우수성과 창조성을 대변하는 발명품이다. 앞으로 이것이 제대로 복원되어 일찍이 "세계의 유수한 과학기술사 박물관은 이 혼천시계의 복제품을 반드시 소장해야 한다."고 극찬한 니덤의 소망이 이루어지기를 고대해 본다.

도량형, 측량, 통신, 무기

조선시대의 표준자 │ 측우기 │ 봉수대 │ 화차와 신기전

조선시대의 표준자

도량형의 기원과 역사

 길이 · 넓이 · 무게 따위의 단위를 재는 단위법과 길이를 재는 자, 부피를 재는 되와 말, 무게를 다는 저울과 같은 측정기구(測定器具, measuring instrument)를 통틀어 도량형(度量衡, weights and measures)이라고 한다.

 우리가 문명사를 이야기할 때 그것을 도량형의 발달사라고 할 수도 있다. 인류는 일상 생활을 영위하기 위해 연모(道具, tool)를 만들어 사용하였다. 대체적으로 기원전 3000년경부터 관측 · 계량 · 계산을 위해 특수한 연모를 사용했으며 기원전 300년까지는

기구를 만들기 시작하였다. 모양을 갖춘 기구가 나오기 이전의 도량형의 단위는 성인 남자의 신체를 기준으로 결정되었다. 예를 들어, 길이를 나타낼 때 손가락 하나의 굵기를 한 치, 손바닥의 폭을 한 뼘(十指幅)이라 하고, 엄지손가락을 제외한 네 개의 손가락 사이를 1부(一扶)라 하여 뒷날 이 길이를 4촌(寸)으로 규정하는 지척(指尺)이란 단위가 생겨났다. 이보다 더 큰 것으로 한 발, 한 길, 한 걸음(步) 등의 단위가 나왔다. 아울러 손과 팔을 기준으로 하는 한 줌(약 한 홉), 한 아름 등 부피를 나타내는 단위도 나왔다. 서양의 경우도 비슷하여 발의 길이를 뜻하는 피트(foot의 복수를 씀)나 팔꿈치에서 손가락까지의 길이를 뜻하는 큐빗(cubit) 등도 인체를 기준으로 한 단위이다. 그러나 성인 남자의 신체는 사람마다 달라서 더 이상 길이의 기준이 되지 못하여 새로운 기준을 필요로 하게 되었다.

사람들이 집단 생활을 하면서 공정한 물물교환을 통한 경제 생활을 시작하였다. 이에 따라 건물을 세우고, 농사를 지으며, 종교 생활을 하고, 적의 침입을 막기 위해 무기를 만드는 등 문명을 발전시키는 과정에서 합리적이고 통일된 도량형 기구가 제조되기 시작하였다.

표준 도량형기의 제정과 제조·보급·관리는 정치·경제·종교·사회·문화·과학 기술의 모든 영역에서 발전을 뒷받침하는 기본 요소이다. 도량형은 일찍부터 국가적으로 통제되어 왔다. 국가의 기본 제도로서 도량형의 중요성은, 주(周)나라의 척도인 주척(周尺)이 유교를 정치 이념으로 하는 동아시아 국가에서 수천 년을 두고 사용된 사실에서 알 수 있다. 유교 경전의 하나인《서경 (書經)》가운데〈순전(舜典)〉에 순임금이 나라 곳곳을 돌아보면서 "시간을 어루어 달과 날을 바로 잡고(協時月正日)" 아울러 "율과 도량형을 가지런히 하였다(同律度量衡)"는 구절이 있는 것으로 보아 도량형의 통일이 유교 정치 이념의 으뜸가는 표상이었음을 알 수 있다. 지금도 북경의 자금성 안에 있는 황극전(皇極殿) 앞뜰에는 기원전 9년에 신망(新莽)이 제정한 가량(嘉量)이라는 양기(量器)와 해시계가 양 옆에 놓인 것을 볼 수 있다. 이것이 바로 순임금의 가르침을 시행한 것이다.

조선시대에 들어와서 도량형이 정착되기까지의 과정은 아주 드라마틱하다. 어느 날 태조 이성계의 꿈에 어떤 신인이 하늘에서 내려와 금척(金尺)을 주면서 이것을 가지고 나라를 다스리라고 하였다. 잠에서 깨어 보니 자리에 자 한 개가 놓여 있었다고 한다. 이 자를 꿈에 얻었다 하여 몽척(夢尺)이라 불렸는데, 이것은 모두 도량형의 정치적 상징성과 중요성을 나타낸다고 볼 수 있다. 또한 세종이 박연을 시켜 해주에서 나는 검은 기장(黍)으로 황종척(黃鐘尺)을 만들어 아악을 정비한 일은 유교의 예악 정치사상의 실현에서 나온 것이다.

도량형 제도는 매우 복잡하고 어려워 이것을 통일하는 데는 오랜 세월이 걸렸다. 시황제는 중국을 진나라로 통일하면서 통일된 도량형 제도를 실시하였다. 근래를 살펴보면 1905년에 반포된 대한제국 법률 제1호가 도량형에 관한 것이라는 점도 근대 국가 경영을 위한 도량형의 중요성을 나타낸다.

근대적인 도량형 제도가 정착되기까지 우리 나라의 도량형은 매우 다양하게 변천하였다. 삼국시대의 기록이나 유물을 통하여 삼국시대에 이미 도량형 기구들을 사용하였음을 알 수 있다. 특히 통일신라시대에는 중국식으로 도량형 제도가 정착되고 이것은 그대로 고려에 이어졌다. 조선 초기에는 신유학의 정치 이념과 왕도 정치를 구현하는 방안으로 예악 제도의 정비와 아울러 도량형 제도도 정비하여 법제화하기에 이르렀다. 우리 역사상 중앙집권체제가 가장 강력했던 이 시기에는 왕권의 절대성을 추구하는 과정에서 도량형의 통일에 착수하였으며, 법전인 《경국대전(經國大典)》에까지 도량형 규정이 명시되었다. 이러한 정책의 바탕에는 자주성의 발로라는 조선 초기 정치사상이 짙게 깔려 있다. 곧, 조선식 도량형 제도의 제정과 시행이다. 이것은 우리 음(音)이 중국의 것과 다른 데서 오는 차이를 극복하기 위한 훈민정음의 창제, 지리적 차이를 극복하기 위한 역법의 교정, 음률의 차이를 극복하기 위한 황종률(黃鐘律)의 교정과 이를 통한 황종척(黃鐘尺)의 제정으로 표출되었다.

우리의 도량형은 중국의 고대 제도를 바탕으로 했으나 기본 단위는 달랐으며 우리 땅에서 나는 기장을 길이의 요소로 삼았다는 점에서 독자적이었다. 독자적인 도량형의 사용이 불편을 초래할 때도 있었는데 중국에 보내는 조공품(朝貢品)을 계량하거나 무역을 할 때 상대국과의 도량형 적용에서 문제가 생기기도 하였다.

세종의 도량형 창제 : 기장 낟알로 황종관을 만들다

앞서 말한 바와 같이 도량형이란 말은 《서경(書經)》〈순전(舜典)〉(일명 虞書) 가운데 '율과 도량형을 가지런히 하였다' 는 것에서 유래한다. 중국의 도량형에 관한 정의는 《한서(漢書)》〈율력지(律曆志)〉에서 비롯되었다. 한나라 중기인 기원전 9년에 왕망(王莽)이 신(新)이라는 국호를 쓰면서 학사인 유흠(劉歆)을 시켜 도량형 제도를 만들게 한 것이 그 시초다.

이것에 따르면 길이(度)는 푼(分)·치(寸)·자(尺)·길(丈)을 단위로 하였다. 즉 12율(律)의 첫 번 음인 황종(黃鐘)의 길이를 기본으로 삼아 기장(黍) 중간치 낟알 한 개를 1푼으로 정하고, 황종음의 길이를 10푼으로 정했다. 여기서 열 푼(分)을 치(寸), 열 치를 자(尺), 열 자를 길(丈), 열 길을 인(引)으로 하는 10진법을 바탕으로 하여 다섯 가지 단위가 생기게 되었다. 부피와 무게를 규정하기 위해 길이 9촌, 지름 9푼의 황종관(黃鐘管)을 만들어 그 안에 기장 1,200알이 들어가는 부피를 1약(龠)으로 삼고, 이 관 안에 우물물을 채워 액면을 고르게 하여 그 부피를 1약으로 정했다. 약의 두 배를 홉(合), 10홉을 되(升), 10되를 말(斗), 10말을 곡(斛)으로 하여 다섯 가지 단위를 정하였다. 또한 무게를 규정하는 추(權)로 수(銖)·량(兩)·근(斤)·균(鈞)·석(石)의 다섯 가지 단위를 만들었다. 1약의 기장 1,200알의 무게를 12수(銖), 그것의 2배인 24수

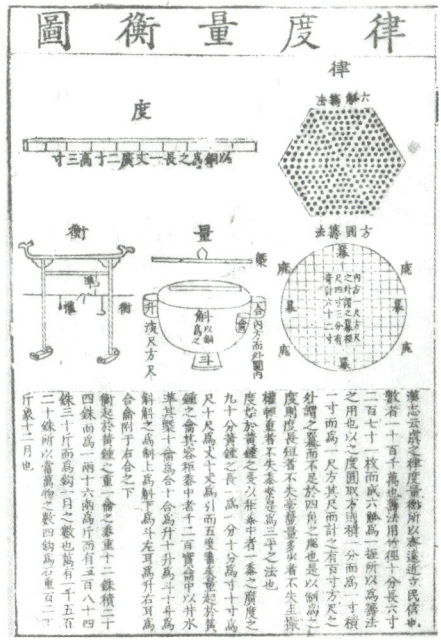
▎서경 도량형도

를 량(兩)으로 하고, 16량을 근(斤), 30근을 균(鈞), 4균을 석(石)으로 정하였다.

저울추를 뜻하는 권(權)은 형(衡)과 같은 뜻으로, 도량형은 '도량(度量)'과 '권형(權衡)'이라는 말로도 쓰였다. 황종관과 기장을 써서 정한 도량형의 단위는 뒷날 서양의 미터법에 필적할 만한 합리적인 제도였다. 조선 세종 시대의 도량형 창제도 이것을 바탕으로 황해도 해주에서 나는 검은 기장을 이용해서 만들었다. 서양에서 무게의 최저 단위인 그레인(grain)은 0.0648그램으로 원래는 밀

| 세종시대의 표준 저울추(성암고서박물관 소장)

알 하나의 무게에서 유래하였다(앞면의 그림은 서경의 도량형도이다).

이렇게 만들어진 황종척을 바탕으로 공조(工曹)에서는 주척·영조척·예기척·포백척을 만들어 각 관아와 지방 관서에 나누어 주었고, 일부는 명산과 사고(史庫)에 보관했다. 이어 《경국대전》을 반포할 때 도량형에 대한 법령으로도 제정하였다. 세종 25년(1443년)에는 전제상정소(田制詳定所)로 하여금 토지 측량 규정인 《전제상정소준수조획(田制詳定所遵守條劃)》을 만들게 했다. 이 책에 규정된 척도는 뒷날까지 토지 측량에 쓰는 양전척의 제조에 쓰였다. 이 책은 여러 병란을 겪은 뒤인 효종 4년(1653년)에 개간(改刊)되었다. 세종의 도량형 정비에 대한 기록을 《세종실록》 권 77, 11쪽에서 직접 살펴보기로 하자.

……그 그릇을 만든 척식(尺式)은, 옛 사람이 법도의 그릇에는 반드시 주척(周尺)을 썼는데, 척식을 바루어 정하는 것은 예로부터 어려워하였다. 주자(朱子)가 사마 문정공(司馬文正公, 司馬光)의 집 석각본(石刻本) 척식을 취하여 가례(家禮)에 실어서 후세의 법을 삼았으나, 가례(家禮)의 판본(板本)이 세상에 행하는 것이 하나만이 아니어서 주척(周尺)의 장단(長短)이 같지 아니하여 또한 의거하기 어려웠다. 그런데 판중추원사 허조(許稠)가 홍무(洪武) 계유년간에 아버지 상(喪)을 당하여 진우량(陳友諒)의 아들 진이(陳理)의 가묘(家廟)에 신주(神主) 만드는 척식을 구해 얻어서 가척본(假尺本)을 만들었다. 또 의랑(議郞) 강천주(姜天澍)의 집에서 지본주척(紙本周尺)을 얻으니, 그것은 바로 그 아버지 강석(姜碩)의 아우 유원(有元)이 원사(院使) 김강(金剛)이 간직한 상아척본(象牙尺本)을 2촌 5분을 없애고 7촌 5분을 쓰면, 바로 가례부주(家禮附註)에 반시거(潘時擧)가 이른 바, '주척은 지금 성척(省尺)의 7촌 5분 약(弱)이라.'고 한 말과 같다. 두 척본을 서로 비교해 보니 어긋나지 아니하므로, 비로소 신주 만드는 제도를 정하여 올리니, 이로부터 무릇 사대부집 사당의 신주와 도로(道路)의 이수(里數)와 사장(射場)의 보법(步法)을 모두 여기에 의거하여 정식을 삼았다. 근래에 또 판사역원사(判司譯院事) 조충좌(趙忠佐)가 북경에 가서 새로 신주를 사 가지고 와서, 다시 이 자와 비교하니 촌(寸) 분(分)이 서로 합하니, 이 자는 지금

중국에서도 쓰는 것이다. 그러므로 이제 만든 의·상·표·루(儀象表漏) 등의 그릇을 모두 이 자를 써서 제정하였다고 한다.

영조 시대에 만든 표준 자

덕수궁 궁중유물전시관에는 영조 시대에 만든 놋쇠자(鍮尺) 하나가 소장되어 있는데, 직사각형 기둥 모양의 각 면에는 예기척(禮器尺), 주척(周尺), 포백척(布帛尺), 영조척(營造尺), 황종척(黃鍾尺)이라는 명칭과 명문(銘文)이 각 반척(半尺)의 예(例)와 함께 음각(陰刻)되어 있다. 눈금 새김은 매우 정교하며 글자의 새김도 아주 섬세하다. 모든 자(尺)에서 분(分)과 분(分) 사이의 간격이 놀라울 정도로 균일하다. 조선시대의 다섯 가지 표준 척도를 한 개의 사각기둥에 적절히 배치한 것은, 종래의 표준척의 양식을 돌에 새겨 쓸 때의 마모나 사용시의 번거로움을 덜고 표준원기(標準原器)의 보관과 사용이 용이하도록 만든 것으로 보인다. 이 자에 새겨진 눈금의 균일성은 자의 최대 생명과 권위를 더해주고 있다. 몇 가지 자의 용도를 지시하는 명문(銘文)도 매우 뚜렷하고 품위 있는 솜씨로 새긴 것이다. 이 자를 한국표준과학연구원의 길이 측정실에서 국제 도량형국이 공인한 헬륨(He)-네온(Ne) 레이저(laser) 간섭계를 사용하여 측정을 실시하였다. 아울러 한국자원연구소의 방사화 분석 연구실에서 비파괴 검사 방법인 방사선 입자 가속기 분석(PIXE 실험)을 통하여 재질의 균일성도 조사하였다. 먼저, 촌(寸) 단위 및 분(分) 단위 눈금 간격에 대한 표준 편차를 조사한 결

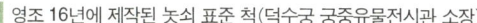
영조 16년에 제작된 놋쇠 표준 척(덕수궁 궁중유물전시관 소장)

과 다섯 종류의 자 모두가 눈금 간격이 매우 균일하였다. 최대 편차도 모두 눈금선 굵기(폭)의 평균치의 2배 이내로서, 눈금 선의 굵기에 기인하여 발생할 수 있는 최대의 오차 범위 이내에 들었다. 한국공업규격(KS) '금속제 곧은자'의 눈금선 굵기에 관한 규정에 의하면, 눈금 선의 굵기는 0.1~0.25mm로 하고(150~200mm 자에 대하여), 최소 눈금 굵기가 최대 눈금 굵기의 70% 이상이어야 한다. 이 자는 평균 선 굵기가 현 공업 규격도 만족시킬 만큼 가늘고, 최소 눈금 굵기와 최대 눈금 굵기의 비율에 있어서도 거의 규격을 만족하여 눈금 굵기의 균일성도 매우 뛰어남을 알 수 있다.

마지막으로 이 자는 연신성이 우수한 황동으로 제작하였으므로 형상, 치수, 눈금 표시, 표면 유지 등의 측면에서 매우 합당하였다. 결론적으로 세계 최초의 금속활자 사용이 말해주듯이 우리 선조들의 구리 합금기술은 오랜 경험과 실험에 의해 이룩된 것으로 뛰어난 경지에 달해 있었다. 조선시대의 자의 제작 역시 어느 면에서 보아도 감히 흠잡을 수 없도록 이루어졌다.

전통 속의 첨단 공학기술

측우기

세계 최초의 우량계

측우기가 조선 세종시대의 과학 발명품이라는 것을 모르는 한국인은 별로 없을 것이다. 한말에 조선총독부 인천 측후소장으로 와 있던 일본인 기상학자 와다유지(和田雄治)가 측우기는 1638년 이탈리아 사람 베네데토 카스텔리(Benedetto Castelli)가 만든 우량계보다 200여 년 앞서 발명되었다는 것을 프랑스에 소개하여 서방 세계에 알려지게 되었다.

1911년에는 영국 기상학회지와 저명한 과학지 〈네이처(Nature)〉에도 실렸는데, 이 과정에서 중국의 일부 학자들이 측우기의 받침대인 측우대에 새겨진 '건륭경인오월조(乾隆庚寅五月造)'라는 일곱 글자를 근거로 청나라 건륭 35년 5월에 중국에서 만들어 당시 조선에 보낸 것으로 오해하였다. 다음 사진의 측우기는 경상도 감영이 있던 대구의 선화당 뜰에 있던 것이다. 그러나 한번 웃고 지나치기에는 일이 너무 심각한 지경에 이르렀다. 1983년 중국에서 나온 《중국기상학사》를 비롯한 몇 권의 저서에는 아예 이 측우기 사진이 중국의 발명품으로 표지에 실리기도 하였다. 눈 감으면 코 베어 가는 세상이란 이를 두고 한 말 같다.

문종의 세자 시절 발명품

측우기 제작의 배경은 세종이 농정 쇄신을 통하여 백성을 배불

전통 속의 공학기술

측우기

리 먹이려는 천문 연구에서 찾을 수 있다. 세종은 전국 각지의 비 온 후 젖은 흙의 깊이를 알아 농토에 스며드는 수량(浸透水量)과 농사의 관련성을 연구하여 과학적인 세금 부과 방법을 연구하고 있었다. 세종 23년에 4월 세자(뒤에 문종)는 삽으로 흙을 파서 빗물이 스며든 깊이를 재는 대신, 구리로 그릇을 만들어 궁중에 설치하고 '빗물을 재는 실험'을 한 끝에 측우기를 발명하였다.

측우기는 장영실이 만든 자격루에서 아이디어를 얻은 것이다. 물시계인 자격루는 원통에 시간 눈금을 새긴 잣대를 띄우고 그 안에 일정하게 물을 흘려 넣어 물이 불어 오르는 높이를 재어 시간을 알아내었다. 이 둘의 다른 점은, 측우기에서는 시간의 잣대 대신 표준 잣대인 주척(周尺)으로 비가 그친 뒤에 고인 물의 깊이를 거꾸로 잰다는 것이다. 측우기를 이용한 강우량 측정은 다음 해부터 강우량 보고 제도로 정착되었다. 이후 각 지방에서는 "어느 날

어느 시에 어떤 비가 내렸고, 측우기의 깊이는 몇 자 몇 치 몇 푼이었다"고 호조(戶曹)에 보고하여 토지 등급과 그 해의 강우량을 기준으로 세금을 결정하는 조세 자료로 활용했다. 이러한 발명의 과정을 《세종실록》 97권의 7쪽(세종 24년 5월 8일 정묘)의 기록을 통하여 알아보기로 하겠다.

　　호조에서 아뢰기를, "우량(雨量)을 측정(測定)하는 일에 대하여는 일찍이 벌써 명령을 받았사오나, 아직 다하지 못한 곳이 있으므로 다시 갖추어 조목별로 열기(列記)합니다. 1. 서울에서는 쇠를 주조(鑄造)하여 기구(器具)를 만들어 명칭을 측우기(測雨器)라 하니, 길이가 1척(尺) 5촌(寸)이고 직경(直徑)이 7촌입니다. 주척(周尺)을 사용하여 서운관(書雲觀)에 대(臺)를 만들어 측우기를 대(臺) 위에 두고 매양 비가 온 후에는 본관(本觀, 즉 書雲觀)의 관원이 친히 비가 내린 상황을 보고는, 주척(周尺)으로써 물의 깊고 얕은 것을 측량하여 비가 내린 것과 비오고 갠 일시(日時)와 물 깊이의 척·촌·분(尺寸分)의 수(數)를 상세히 써서 뒤따라 즉시 계문(啓聞)하고 기록해 둘 것이며, 1. 외방(外方)에서는 쇠로써 주조한 측우기(測雨器)와 주척(周尺) 매 1건(件)을 각 도(道)에 보내어, 각 고을로 하여금 한결같이 상항(上項)의 측우기의 체제(體制)에 의거하여 혹은 자기(磁器)든지 혹은 와기(瓦器)든지 적당한 데에 따라 구워 만들고, 객사(客舍)의 뜰 가운데에 대(臺)를 만들어 측우기를 대(臺) 위에 두도록 하며, 주척(周尺)도 또한 상항(上項)의 체제(體制)에 의거하

전통 속의 공학기술

측우기도. 뒤에 보이는 것은 수표와 수표교이다

여 혹은 대나무로 하든지 혹은 나무로 하든지 미리 먼저 만들어 두 었다가, 매양 비가 온 후에는 수령(守令)이 친히 비가 내린 상황을 살펴보고는 주척(周尺)으로써 물의 깊고 얕은 것을 측량(測量)하여 비가 내린 것과 비오고 갠 일시(日時)와 물 깊이의 척·촌·분(尺寸 分)의 수(數)를 상세히 써서 뒤따라 계문(啓聞)하고 기록해 두다가 후일의 참고에 전거(典據)로 삼게 하소서." 하니, 그대로 따르다.

전통 속의 첨단 공학기술

▎관상감 측우대

이것을 바탕으로 깊이 1척 5촌(310.5mm), 지름 7촌(144.5mm)인 우량계와 2척(414mm)짜리 자를 제조하여 서울과 각 도·군·현에 보급하고 비가 내린 후 수령이 직접 계량하여 중앙에 보고하는 측우 제도가 확립되었다. 측우 제도의 시행은 한동안 뜸하였다가 영조 시대에 복원되었다. 이로 인해 우리 나라는 서울에서만 1770년 이후 오늘날까지 230년 동안 우량을 기록한 세계 초유의 나라가 되는 영예를 안을 수 있었다. 덕수궁 궁중유물전시관에는 1782년 정조가 세종과 영조 두 시대의 한재(旱災)와 수재(水災) 다스리는 법을 본받아 만든 측우기를 놓는 측우대가 남아 있다. 지금 남아 있는 금영 측우기(錦營測雨器, 충청 감영을 금영이라 부름)는 헌종 3년(1837년)에 만든 것이며, 구조는 하나의 원통(밑부분)과 2개의 실린더가 각각 분리되게 하여 3단으로 만들었다. 이는 측정시의 정

수표교(다리 앞의 세모꼴 모양이 수표이다)

밀성과 취급시의 편의성을 고려한 것이며, 온도 변화 등에도 변형이 잘 되지 않도록 하는 데도 그 부수적인 목적이 있었다. 세종 대의 것도 같은 모양이었을 것이다. 측우기의 지름 144.5mm는 빗물을 효과적으로 받을 수 있는 크기로, 현재 세계 각국이 택하고 있는 평균적인 크기와 일치한다. 빗물을 받는 윗면이 너무 넓으면 비의 양이 적을 때 측정 오차가 커지고, 반대로 너무 좁으면 바람이 불 때 빗물을 그릇 안으로 받는 데 부적합하다. 그러니까 세종의 측우기는 아주 적당한 크기였음을 알 수 있다. 세종 24년 5월 19일(정묘)에 전국적으로 측우 제도를 시행한 날을 기념하여 1957년에 당시 상공부는 5월 19일을 '발명의 날'로 정하였다.

| 수표 앞면(왼쪽)과 뒷면(오른쪽)

수표

측우기와 비슷한 것이 수표(水標)이다. 막대에 척·촌·분의 눈금을 새겨 만든 수표를 한강변의 마천교에 세웠다. 한강변의 암석에도 척·촌을 새겨 나루의 관리를 맡은 사람이 수위를 재어 수시로 보고하여 강물의 높이를 감시하는 자료로 활용하도록 했다. 뒷날에는 청계천에 화강암으로 된 수표를 세워 홍수에 대비하기도 했다.

전통 속의 공학기술

봉수대

옛날에 외적이 변방으로 침입하면 이 소식을 어떻게 서울에 알렸을까? 남산에 올라가면 굴뚝과 아궁이가 함께 붙어 있는 5개의 연조(화두)를 볼 수 있는데, 이것이 조선시대의 전통적인 통신 수단인 봉수(烽燧) 신호를 받거나 보내는 봉수대 유적이다. 국경 지대나 변방에 외적이 침입할 때는 이 봉수망을 통하여 외적의 침입을 알리는 신호가 서울에 전달된다.

봉수는 밤에는 횃불(봉)로, 낮에는 연기(수)로써 신호를 전달하는 통신 시스템이다. 이 봉수는 군사의 이동 사항이나 적의 침입에 대한 정치·군사 정보를 통치자인 임금에게 전해주는 가장 빠른 통신 수단이었다. 당시 한양 사람들은 통금을 알리는 인경 종소리가 들리고 남산(당시에는 목멱산) 봉수가 올라가면 하루가 무사하게 지났음을 알고 잠자리에 들었다. 봉수를 보내는 쪽과 받는 쪽과의 신호 방식은 시대에 따라 달랐지만 약정된 신호 규정에 따라 통신이 이루어졌다. 이러한 신호 방식은 횃불이나 연기를 올리는 내용에 따라 신호의 내용이 달라지는 것으로 오늘날의 관점에서 보면 일종의 디지털 통신이라 할 수 있다. 이 통신망은 국가의 안위와 관계된 것으로 만일의 사태에 대비하기 위하여 평소에도 신호를 보내 국가의 신경망인 봉수대의 운영 상태를 점검하였다.

우리 나라의 봉수 제도는 삼국시대 초기부터 시행되었던 것으로 보인다. 본격적으로 전국적인 봉수 제도를 갖추게 된 것은 세종대부터이다. 세종은 고려와 당나라의 봉수 제도를 참고하여 봉수를 4거(四炬)에서 5거로 세분화하였으며, 전국을 1로(路)에서 5로로 나누어 5개의 봉수망을 운영하였다. 또한 해상과 육상의 사건을 구분하여 알아볼 수 있도록 더욱 세분하였다. 4거란 평시 밤에 횃불 하나·낮에 연기 하나를 1거, 변방이 위급한 상황이면 둘, 적의 침입으로 전투가 임박하면 셋, 적과 접전이 벌어지면 넷으로 구분하는 신호 규정을 말한다.

전국적으로 643개의 장소에 봉수대가 설치되었다. 봉수대와 봉수대를 운영하는 데 필요한 군사의 운용은 법전인《경국대전》〈병조〉의 '봉수조' 규정에 준하였다. 이 규정은 고종 31년(1894년)에 봉수와 봉수군을 폐지할 때까지 명맥을 유지하였다. 봉수의 전달 방식은 지도에서와 같이 국경의 변방에서 내지를 거쳐 서울 남산의 경봉수(京烽燧)에 이르는 중앙 집중식이었으나 때로는 중앙에서 변방으로 내보내는 분산식으로도 운영되었다. 세종 시대에는 종루의 종소리가 미치지 못하는 북한산성 축조 공사장에서 축성하는 군사들에게 작업 시간의 시작과 끝을 알려주는 신호로 활용되기도 하였다.

봉수대는 신호를 보내기 적합한 시야가 탁 트인 산꼭대기에 설치하는 것이 보통이며 대개 10km 정도의 거리를 두었다. 요즈음에도 군사용이나 민간 통신 시설의 중계국은 산꼭대기에 설치한다. 이것은 산꼭대기가 신호를 주고받기에 적당한 곳이기 때문이다. 전통적인 봉수대가 있던 자리에 최첨단의 통신 설비를 한 곳도 여

전통 속의 공학기술

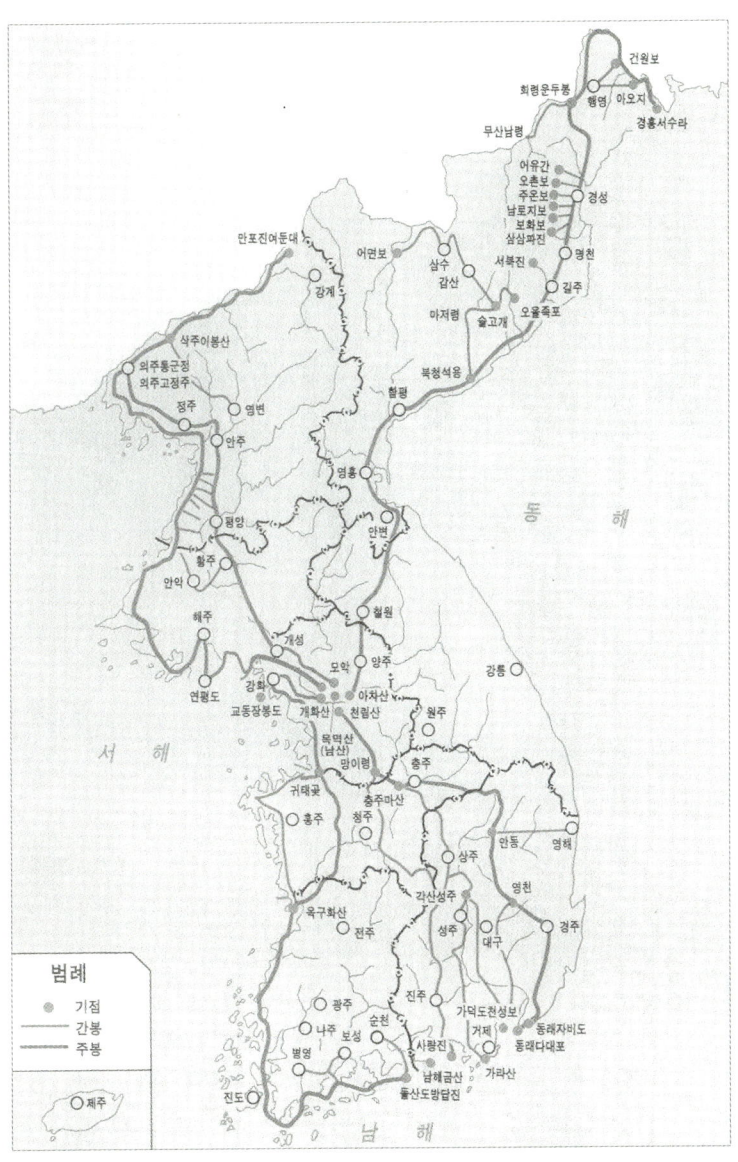

조선 팔도의 봉수망

전통 속의 첨단 공학기술

봉수대 유물(수원성)

러 군데 있어 전통과 첨단이 공존하는 것을 볼 수 있다. 또한 수원의 화성에는 봉돈이라는 봉수대가 성곽에 설치되어 있는데 굴뚝(화두) 간의 간격은 3, 4m 정도이며 10km 밖에서도 5가지 신호의 구분이 가능하도록 하였다. 봉수대에서 보내는 신호는 연기와 불인데 기상 변화에도 연기가 똑바로 올라가야 멀리서도 쉽게 알아볼 수 있으므로 쇠똥이나 말똥을 태웠다.

그러면 변방에서 보내는 신호가 서울의 경봉수까지 도달하는데 얼마나 걸렸을까? 평시에는 규정된 시각에 서로 신호를 주고 받았다. 함경도나 평안도 변방에서 오후에 봉화를 올리면 해질 무렵에 경봉수에서 가장 가까운 아차산에 도달하였다는 기록으로 미루어 볼 때 대략 전달 속도는 1시간에 100km 정도였다. 그러나 대체적으로 12시간이면 전국 어느 곳에서 보낸 신호든지 서울에 도달하였다.

전통 속의 첨단 공학기술

화차와 신기전 : 다연발 로켓 발사대

우리 나라는 역사적으로 로켓과 같은 발사체에 관한 한 선진국이었다. 역사적으로 보면 고려말 화약 제조법 발명으로 유명한 최무선이 제작한 주화(走火, 달리는 불이라는 뜻)라는 화기(火器)가 우리 나라 최초의 로켓이었다. 이것이 개량을 거듭하여 조선 세종대에 이르러 이천 등의 노력으로 중국 방식을 완전히 탈피한 새로운 조선식 화포가 발명되었다. 세종 30년(1448년)에는 이 때까지 발명한 모든 화포의 주조법과 화약 사용법, 규격 등을 도면으로 상세히 기록한 15세기 최고의 화약 병기에 관한 기술서인《총통등록(銃筒謄錄)》를 편찬하여 간행하였다. 이후 이 책은 조선 화포 제조의 지침서가 되었다.

《총통등록》은 국가의 기밀문서로 보관되어 오다가 유실되어 안타깝게도 오늘날까지는 전해오지 않고 있으나, 성종 5년(1474)에 편찬된《병기도설(兵器圖說)》(이것은 원래《國朝五禮儀 序例 兵器圖說》을 뜻한다)을 통하여 당시의 화포 제조기술 수준을 가늠해 볼 수 있다.《병기도설》에 기록된 '신기전(神機箭)'이라는 로켓 추진식 화살은 최무선이 제조한 로켓형 화기인 주화(走火)를 개량한 것으로 세계에서 가장 오래된 로켓 병기로 인정된다. 신기전은 이것을 띄워줄 발사 장치인 발사대가 있어야 기능을 발휘할 수 있는데, 발사대는 문종 1년(1451년)에 임영대군이 화차를 발명하면서 제작되었다. 이 화차는 신기전 100발을 발사할 수 있게 설계된 신기전

전통 속의 공학기술

화차와 신기전

발사틀로서, 지금의 총알에 해당하는 '세전(細箭)' 200발을 거의 동시에 발사할 수 있게 설계된 총통틀에 설치하여 사용하였다. 이 무기는 함경도와 평안도의 국경 지방에 배치되었다.

신기전에는 대신기전(大神機箭), 산화 신기전(散火神機箭), 중신기전(中神機箭), 소신기전(小神機箭) 등의 여러 종류가 있다. 대신기전은 대나무로 만든 화살대의 윗부분에 종이로 만든 약통(일종의 로켓 엔진)을 부착하고, 폭탄에 해당되는 방화통을 약통 위에 올려 놓아 도화선을 약통과 연결하여 신기전이 목표 지점에 가까워

지면 자동으로 폭발하도록 설계되었다. 약통에는 화약을 채워 화약이 연소되면서 가스를 분출시켜 로켓이 날아갈 수 있도록 하였으며 사정 거리는 1,000m 이상이었다.

문종이 발명한 화차는 과학적인 원리에 의해 설계된 것으로 신기전의 발사 각도를 임의로 조절할 수 있었다. 발사각을 40도까지 조절할 수 있어 사정거리를 조정할 수 있었다. 《병기도설》에 의하면 신기전기는 직경 46mm의 둥근 나무통 100개를 나무 상자 속에 7층으로 쌓은 다음, 이 나무 구멍에 중소 신기전 100개를 꽂고 화차의 발사 각도를 조절한 후, 각 줄의 신기전 점화선을 모아 불을 붙이면 동시에 15발씩 차례로 100발을 발사할 수 있었다.

신기전기는 세계 최초의 '이동식 다연발 로켓 무기'이다. 이렇게 발전한 화차는 임진왜란 때 일본군을 격퇴하는 데 큰 위력을 발휘하였는데, 1593년에 권율 장군은 행주산성에서 화차를 사용하여 일본군을 격퇴하는 큰 전과를 거두기도 하였다.

우리 나라가 위성 발사대를 건립하기로 계획한 2005년은 우리나라 로켓의 첫 설계도인 《병기도설》이 편찬된 지 약 530년이 되는 해이다. 우리는 15세기에 이미 발사체에 대한 최고의 기술을 갖추었던 민족임을 되새겨야 할 때이다. 우리 민족의 유전자 속에 흐르는 선조의 지혜를 십분 활용한다면 21세기 항공우주산업의 일류국으로 도약할 수 있을 것이라 자부한다.

2 기술 문화의 형성과 발전

조선 초기의 과학기술
15세기, 세종대왕의 세기 | 세종대왕 | 이천 | 장영실

서양 중세과학기술의 조선 전래
세계로 열린 창, 연경 | 정두원과 로드리게스의 만남
소현세자와 아담 샬의 교유 | 천체 구조설의 조선 전래
효종의 시헌력 반포 | 실학자 홍대용
서양기하학의 조선 전래 | 정조와 화성 그리고 정약용
박규수와 남병철의 과학기술 활동

조선 초기의 과학기술

15세기, 세종대왕의 세기 | 세종대왕 | 이천 | 장영실

15세기, 세종대왕의 세기

　우리 한민족은 과학적 창조성이 뛰어난 민족으로 세계에 자랑할 만한 과학적 업적과 발명품들을 많이 남겨 놓았다. 삼국시대 이래로 고려를 거치면서 많은 과학기술의 발전이 있었지만, 그 중에서도 조선시대 세종대왕의 과학기술 분야의 뛰어난 업적을 기려 과학기술사에서는 15세기를 '세종대왕의 세기'라고 부른다. 조선시대에 기술학은 유학(儒學)에 비하여 경시되었고 기술자들은 장인(匠人)이라 하여 사회적으로나 경제적으로 높은 대우를 받지 못하였다. 그렇다면 뛰어난 업적은 어떻게 나왔고, 과학기술 관련 분야에 종사했던 사람은 어떤 사람들이었으며, 과학기술을 진흥

시킬 수 있는 국가적인 차원의 정책이나 지원, 연구기관과 제도 등은 어떠했는가에 대한 궁금증이 따르게 된다. 이러한 예를 한국사에서 찾아보면 조선 초기의 과학기술의 눈부신 발전은 세종대왕이라는 영명한 군주와 정인지를 비롯한 일군의 학자들, 그리고 이천과 장영실을 비롯한 뛰어난 기술자들의 역할에 힘입은 바 크다.

기술 문화의 형성과 발전

세종대왕

15세기는 세종대왕의 세기

지난 1000년 동안의 우리 역사 인물들 중에서 가장 숭앙받는 인물은 누구일까? 1998년 동아일보가 조사한 결과, 그 주인공은 단연 조선 제4대 임금인 세종대왕이었다. 앞서 언급한 바와 같이 15세기는 세종대왕의 세기였다고 일컬어질 만큼 과학기술 분야에서 눈부신 발전이 있었다. 일찍이 민족 시인 노산 이은상(鷺山 李殷相)은 〈민족문화의 선구자 세종대왕〉이라는 글에서 세종을 "학문의 애호가, 독창적 문화의 선구자, 민본사상의 정치가, 과학의 발명자, 예악의 제정자, 국토의 개척자"로 평하고, "어찌 저 중국 고대의 요순(堯舜)만으로 비길 수가 있을 것인가"라고 하였다.

세종은 한민족의 문화적 창의성을 육성한 선구자, 과학기술의 진보를 위해 앞장선 불멸의 지도자이며 훌륭한 언어학자요 과학자였다. 소위 문화적 군주라고 일컬어지는 영국의 엘리자베스 1세, 프랑스의 루이 14세, 러시아의 피터 대제와 더불어 세종대왕은 한민족 고유의 문명을 이룩한 문화적 영웅으로 추앙받아 마땅하다.

보다 구체적으로 세종의 업적을 살펴보기로 하자. 조선 5백여 년의 역사는 동아시아에서는 유례를 찾아보기 어려울 만큼 긴 것으로 이것의 기틀은 32년간의 세종 재위 기간에 이루어진 각 부문의 개혁 덕분이라고 할 수 있다. 조선 왕조가 내세운 신유학(新儒

전통 속의 첨단 공학기술

세종대왕

學)의 정치 이념을 구현하여 민본주의 정치를 베풀고, 농업의 발달을 위하여 역법(曆法)을 교정하고, 간의(簡儀)와 일성정시의(日星定時儀)를 비롯한 천체 관측 기구를 제작하였으며, 해시계인 앙부일귀, 자동 물시계인 보루각루(일명 자격루)와 흠경각루(일명 옥루)를 비롯한 시간 측정 기구를 발명하였다. 또한 금속활자인 경자자(庚子字)와 갑인자(甲寅字)의 주조와 이를 이용한 인쇄술의 개량과 서적의 보급, 도량형 기구의 제정과 각종 악기의 제작과 보급, 무기와 병선의 개량을 통한 국방과 국토의 개척, 각종 의학 및 의약 서적의 편찬과 보건 의료 시책의 수립 등 정치·경제·문화·과학·예술 등 다방면에 걸쳐 타의 추종을 불허할 만큼 헤아릴 수 없는 업적을 남겼다.

세종 재위 32년간(1418~1450년)은 민족의 기상이 뻗쳐 나간 창조적인 시기로서 사회정의가 구현된 민족융성기였으며, 한국 과학의 황금시대였다. 이것은 뛰어난 자질을 갖춘 인재들이 걸출한 지도자 세종을 밝고 어질게 보필하여 임금과 신하가 서로 어우러져 이룩한 결과로서 결코 우연한 것이 아니었다. 훌륭한 지도자 밑엔 어김없이 인재가 따르기 마련이다. 자격루(우리가 쓰고 있는 만원권 지폐에 나와 있는 물시계)와 흠경각루라는 불후의 자동 물시계를 만든 장영실(蔣英實)도 이 가운데 한 사람이다. 그러나 장영실이 우리의 기술사는 물론 세계 시계 제작 기술사에 길이 남을 발명을 이룰 수 있었던 것은 장영실 한 사람의 창조적인 머리나 불굴의 노력 때문만이 아니다. 이러한 발명이 이루어질 수 있도록 현실적 제도의 창안과 아낌없는 기술적 경제적 지원, 정신적인 후원이 뒷받침되었기 때문이다.

역사에 남을 만한 업적이란 쉽사리 성취되거나 어느 한 개인에 의해 이루어지는 것이라기보다 이처럼 여러 사람들의 머리와 손발이 합해지고, 그 위에 사회 구성원들의 공감대가 더해져 이루어지는 것이다.

기술 문화의 창달

　세종 시대 과학기술의 특징은 아라비아 과학에 바탕을 둔 선진 과학기술의 수용과 개량, 변형과 조화를 통한 창조라 할 수 있다. 이것은 조선시대에 들어서 뚜렷해지기 시작한 자주성의 자각에 바탕을 둔 것이다.

　세종은 지속적인 기술 혁신 정책을 전개하였는데 과학성과 실용성을 동시에 추구하였으며, 기술 개발을 위한 거시적인 노력을 기울였다. 기술 습득을 위해 인재를 뽑아 중국에 유학시키고 이들을 두뇌 집단화하여 조직적으로 공동 연구를 수행하도록 하였다.

　세종은 관료, 학자와 기술자들을 적재적소에 활용하여 그의 간의대 사업을 성공리에 완수할 수 있었다. 세종 14년(1432년)부터 8년여에 걸쳐 추진된 간의대(簡儀臺) 사업에 참여하여 과학과 관련된 고전을 조사한 이는 당시 학자 관료인 정초, 정흠지와 정인지였다. 각종 과학 기구를 설계하고 시험하고 제작하여 설치한 이는 이천, 김돈, 박연, 장영실이었다. 측정된 자료를 바탕으로 역법을 교정하고 관련된 서적을 저술하고 편찬한 이는 이순지와 김담이었다.

　세종은 독립 국가로서의 위상과 농사 기술의 진흥이라는 국가적 목표 아래 역법 교정 사업을 계획하고 추진하였다. 이 과정에서 중국 송원(宋元) 대의 선진 과학을 모델로 삼아 당대에는 세계에서 가장 앞선 과학기술을 개발하게 되었다.

이천

갑옷 입은 호조판서

 전쟁은 어느 시대나 역사와 사회를 변화시키는 요인 중 가장 중요한 하나였다. 또한 전쟁에 쓰이는 무기의 발달이 기술의 역사를 반영할 만큼 군사 기술은 과학기술사에서 차지하는 비중이 매우 높다.

 조선 초기는 영토 확장의 시기였으며 왜구 등 외적의 침입에 대응하기 위해 국방을 튼튼히 하는 데 국력을 기울이던 시기였다. 태종 이래 병선(兵船)을 개량하는 사업이 진행되었으며, 대마도정벌 등 여러 전쟁을 치르면서 중국에서 전래된 화약 무기를 개량하여 조선식 무기 체계를 완성하기에 이르렀다. 이로써 세종 대에 이르러 남으로는 일본을 어우르고, 북으로는 압록강 지역의 옛 강토를 회복하여 영토의 안정과 국가 기틀의 탄탄한 반석을 다지게 되었다. 세종을 도와서 이러한 사업을 계획하고 성취하는 데 중요한 공헌을 한 분들이 우리가 잘 아는 이종무, 김종서, 최윤덕, 이천 장군이다.

 지금 우리 국군의 간성을 기르는 육군사관학교의 '익양관(翼襄館)'은 이천(李蕆, 호는 백곡)의 시호(諡號)인 익양공(翼襄公)에서 유래한 것이다. '임금을 도와서 치적을 올리게 한다'는 뜻의 '익양'이라는 시호가 참으로 적합한 인물이라 하겠다. 그는 앞에서 살펴본 바와 같이 고강도 놋쇠를 주조하여 인쇄술을 개량하고, 간의대

전통 속의 첨단 공학기술

▎총통완구(한국우주항공연구소 채연석 박사 복원)

를 축조하고, 각종 관측 기구를 제작하여 천문 역법의 기틀을 마련한 인물이다.

세종 18년(1437년) 6월, 이천은 압록강 지역을 침범하는 야인을 정벌하기 위해 평안도 도절제사(지금으로 치면 1군사령관에 해당된다)로 임명되었으며, 이듬해 9월 북정군 7,800여 명을 거느리고 파저강의 야인을 정벌하였다. 이에 세종은 이러한 공로를 위로하여 이천을 도절제사에 겸하여 정헌대부 호조판서로 임명하였다. 갑옷 입은 호조판서가 탄생한 것이다.

조선시대 화약무기 체계의 완성자

이천은 무엇보다 조선식 병선의 개량과 화약무기 기술의 개발에 크게 기여한 인물이다.

 조선 초기의 화약무기 체계는 세종대에 이르러 비약적인 발전을 거듭하였다. 최무선이 개발한 화약을 사용할 수 있도록 중국식 무기를 개량한 조선식 총통(銃筒), 발사식 화살(箭)과 폭발물 등이 새롭게 개발되고 규격화되어 대량 생산이 실현되었다. 이와 같은 새로운 무기의 제작에 관련된 내용은 《세종실록》과 《국조오례서례(國朝五禮序例)》 가운데 〈병기도설(兵器圖說)〉에 전해온다. 이들 무기에 대한 상세한 제작 규격과 제작법 등이 지금은 남아 있지 않지만, 세종 30년(1448년)에 간행된 《총통등록(銃筒謄錄)》에 실려 있었다. 당시 이천은 군기감제조(軍器監提調)였으며, 고려말에 화약을 발명한 최무선의 아들 최해산(崔海山)이 화약 제조 기술을 주관하고 화약무기 기술의 개발을 주도하였다. 호조판서 자리는 금속 기술자로서 이천의 실력이 인정된 것이겠지만 임금의 두터운 신임이 없이는 임명되기 어려운 자리였다. 당시에 무기나 병기 제조 기술은 국가의 일급 비밀에 속한 사항이었기 때문에 보통 사람이 맡기 어려운 자리였다.

 이천의 첫 업적은 대마도 정벌에 사용한 병선의 건조와 선체가 크면서도 빨리 달릴 수 있는 쾌속선의 개발, 그리고 물에 잠기는 부분이 잘 썩지 않는 배에 대한 연구였다. 당시 일본과의 교역 품목 가운데 삼나무(杉木)가 있는 것을 보면, 배의 건조에 삼나무가 쓰였음을 짐작할 수 있다. 이천은 병선의 건조를 담당하였을 뿐 아니라 여기에 설치할 무기도 개발하였다. 또한 최무선이 발명한 로켓화살의 일종인 주화(走火)를 만들었으며 나무통 속에 화약과 쇳조각을 넣은 질려포(蒺藜砲) 등을 병선에 장착하는 방법도 개발하였다. 질려포는 해전에서 점화선에 불을 붙여 상대편의 배에 던져 폭발시키는 일종의 폭탄이다.

둘째 업적은 조선식 대형포인 조립식 총통완구(銃筒碗口)를 독창적으로 개발한 것이다. 평안도에 부임하여 야인 정벌 준비를 하고 있던 이천은, 당시 사용하고 있던 대·중·소 완구에서 모두 문제점이 발견되어 이를 개량하고자 하였다. 대완구는 너무 무거워 기동성이 떨어지고(무게가 277근으로 166kg 정도), 중완구는 소에는 실을 수 있으나 말에 싣기에 부적합하고, 소완구는 화력이 약하여 별로 쓸모가 없었던 것이다.

군기감제조로서 이천은 이들 무기를 제작한 장본인이었으나 실전을 통해 결함을 발견하고 개량이 필요하다는 것을 절감하게 되었다. 그래서 그는 세종에게 화력과 기동성 면에서 우수한 완구를 중완구와 소완구 사이의 크기로 개발해야 한다고 주청하였다. 이에 세종은 즉시 평안도에 기술자를 파견하여 현지에서 제작, 시험하도록 하였다.

이천은 실험과 연구 끝에 중소완구의 중간형 대신 대완구를 두 토막 내어 조립하는 방식의 대완구를 개발하였다. 조립식 대완구는 말이나 소로 운반하기 편리한 이점이 있었으며 화력 또한 우수하였다. 또한 분해와 조립이 자유자재로 되어 야인과의 전쟁에서 큰 역할을 하였음은 물론이다. 〈병기도설〉에 나와 있는 총통완구

기술 문화의 형성과 발전

| 이천의 초상화

의 구조는 앞면의 사진과 같다. 맨 위가 포석으로 무게 74근 (44.4kg)의 돌로 만든 포탄이다. 가운데는 사발 모양의 완구인데 최대 바깥지름 43cm, 길이 34cm, 무게 104근(62.4kg)으로 이곳에 포탄을 넣는다. 맨 아래가 화약을 장진하는 약통, 그리고 화약의 화력을 포탄에 전달해주는 격목을 끼우는 격목통이며, 최대 바깥 지름 22cm, 길이 41cm, 무게 99근이다. 완과 화약통은 두 부분으로 나누어져 있으며 사용할 때는 두 개를 끈으로 묶었다. 한국항 공우주연구소의 채연석 박사에 따르면 15세기 초에 이와 같은 대

포는 세계적으로 견주어 보아도 성능과 구조면에서 독창적이고 우수한 것이었다고 한다.

〈병기도설〉에 따라 총통완구를 복원한 채연석에 따르면 이것을 조립했을 때, 전체 길이는 62cm이며 지름 33cm의 포탄을 400m 이상 날릴 수 있도록 설계되었다고 한다. 이때부터 포탄도 철제로 만들어 쓰기 시작하였으며 이에 따라 대포의 성능도 개선되었다. 천자철탄자(天字鐵彈子)라는 철제 탄환도 이때 제조하여 사용하였다. 이것은 천자총통(天字銃筒)에 사용하는 대포알이라는 뜻이다. 총통에는 크기 순서로 天, 地, 玄, 黃의 이름을 붙여 쓰기 시작하였다.

이로써 중국식 화포에서 조선식 화포의 새로운 모델이 개발되었다. 새로운 무기 체계의 완성과 아울러 자주 국방의 길이 열리게 되었으니 이러한 과정에서 활약한 이천의 공헌은 민족사에 길이 빛나고도 남음이 있다. 이 밖에도 이천은 악기도감제조로서 박연과 더불어 악기를 제작하여 음률을 바로잡는 데 큰 공헌을 하였으며 문종 원년(1451년) 76세의 나이로 별세하였다.

장영실

장영실, 그는 누구인가

　세종은 이천, 장영실과 더불어 간의대 사업을 추진하면서 해시계, 물시계, 별시계 등을 발명하여 동아시아 시계 기술사의 한 페이지를 화려하게 장식하였다. 우리 나라 역대의 기술자 하면 우선 장영실을 꼽지만 그의 출생과 말년의 활동에 대해 전해지는 기록은 그리 많지 않다. 이런 연유로 우리 기술 발달사에 기여한 그의 공로를 평가하는 데는 많은 어려움이 따른다. 지금까지 변변한 전기 한 권 찾을 수 없고 어린이들이 읽는 위인전 가운데 몇 권이 있을 뿐이다.

　1969년에 창립된 "과학자 장영실 선생 기념사업회"(1985년에 명칭을 "과학선현 장영실 선생 기념사업회"로 변경하였고, 현재 이 단체는 사단법인이다)는 장영실 과학문화상을 제정하는 등 기념 사업을 활발하게 전개하고 있다. 이미 과학기술부와 매일경제신문사는 공동으로 탁월한 공산품을 선정하여 'IR52 장영실상'을 시상하고 있으며, 1999년부터는 충남 아산시가 '장영실의 날'을 제정하여 그의 업적을 추모하고 있다. 1990년 문화부는 8월을 '장영실의 달'로 정하고 각종 기념행사를 가진 바 있다. 장영실이 이렇게 역사적인 인물로 기념되는 가장 큰 이유는 세계에서 보기 드문 자동 물시계인 자격루를 만들었고, 세종대왕의 천문대 건설, 인쇄활자, 악기, 무기 등의 개량에 크게 이바지했기 때문이다.

관가의 종에서 대호군으로

《세종실록》에는 "행사직(行司職, 조선시대 오위五衛에 속한 5품관) 장영실은 그 아비가 본디 원나라의 소항주(蘇杭州) 사람이고, 어미는 기생이었는데, 공교한 솜씨가 보통 사람에 비해 뛰어나므로 태종께서 보호하시었고, 나도 역시 이를 아낀다. 내가 그대로 따라서 상의원(尙衣院) 별좌(別坐, 5품관)로 임명하였다. ……만대에 이어 전할 기물을 능히 만들었으니 그 공이 작지 아니하므로 호군(護軍, 4품관)의 관직을 더해주고자 한다."는 기록이 있다. 충남 아산에 있는 장영실 추모비문에 따르면 관향은 아산이고, 송대에 그의 8대조 서(壻)가 고려 조정에 출사하여 금자광록대부신위대장군(金紫光祿大夫神威大將軍)으로 아산군(牙山君)에 봉해졌고, 그의 고조인 득분(得芬)은 정순대부판서운관사(正順大夫判書雲觀事), 그의 부친 성휘(成暉)는 전서(典書, 당시 판서급 벼슬)로서 동래에서 장영실을 두었다고 한다. 당시의 사정을 정확하게 알 길은 없지만 장영실의 먼 조상은 중국에서 건너와 고려 조정에서 고위직 벼슬을 하며 대대로 살았던 것으로 보인다.

장영실은 1390년경에 동래에서 전서 장성휘의 아들로 출생하였다(정확한 출생 연도는 알 수 없으나 전후사정으로 미루어 1390년생 설이 유망하다). 조선 건국 후 태종의 대에 이르러 신분제가 실시되었으며 전서라는 높은 벼슬아치의 아들인 장영실은 어머니의 신분에 따라 졸지에 동래현 관가에 예속되게 되었다.

태종은 국가 발전을 위하여 신분에 구애받지 않고 각도에서 널

기술 문화의 형성과 발전

| 장영실의 초상화

리 인재를 구하는 '도천법(道薦法)'이라는 제도를 시행하였는데, 장영실은 이 때 천거되어 한양으로 올라오게 되었다. 타고난 재주로 인하여 장영실의 남다른 솜씨는 조정에까지 알려지게 되고, 태종의 부름을 받아 상의원(尙衣院, 임금의 의복·귀금속 등을 다루는 관

청. 尙房이라고도 함)의 직장(直長, 7품관)이라는 벼슬을 시작으로 뒷날 세종이 되는 충녕과 더불어 태종을 도와 천문 기구와 물시계를 만들게 되었다. 장영실은 세종이 즉위하고 얼마 안 되어 천문관리인 최천구, 윤사웅과 함께 중국에 파견되어 과학기술 문물을 시찰하고 서적을 수집하여 돌아왔다.

장영실은 수집해 온 도서(아니면 집현전 도서) 가운데 중국의 역대 천문지와 아랍의 알재재리(Ibn al-Jazari)가 1206년에 쓴《정교한 기계 장치의 지식서(kitab fi ma'rifat alhiyal al-handasiya)》를 참고로 처음에는 경점기(更點器)라는 물시계를 만들고, 뒷날 이것을 개량하여 자동 물시계들을 만들었다(이 부분에 대하여 일찍이 세종대의 천문계시의기를 연구한 영국의 조지프 니덤(Joseph Needham)은 알재재리의 책이 연경에 들르는 고려 관리들의 눈에 띄어 한 권쯤은 개성으로 흘러들어왔을 가능성을 이야기 한 바도 있다). 장영실은 이 책들을 바탕으로 전통 시계 제작 방식에 아랍 방식을 가미시켜 인형들이 자동으로 시간을 시보해주는 물시계를 만들게 된 것이었다. 이 과정에서 그를 이끌어준 사람이 상의원의 제조(提調) 이천이다. 세종 15년에 간의대를 건설할 때 이천과 장영실은 공역(工役)을 담당하였다. 세종은 1433년 자격궁루(自擊宮漏)를 만든 공로로 장영실을 호군(護軍, 오위의 4품관)으로, 4년 뒤에는 흠경각루를 만든 공로로 대호군(大護軍, 오위의 3품관)으로 승진시켰다. 이때마다 문신들은 관노의 신분에서 일약 대호군이 된 장영실을 그리 탐탁지 않게 여겼고, 결국 장영실은 사소한 과실이 빌미가 되어 삭탈관직되고 말았다.

15세기 최고의 기계 기술자

장영실은 기념사업회의 명칭에서 보듯이 '과학 선현' 중 한 분이시다. 13세기 아랍 최고의 기술자인 알재재리 연구의 세계적 대가인 영국의 도널드 힐(Donald Hill) 박사는 "13세기를 대표하는 기술자가 알재재리라면, 장영실은 15세기를 대표하는 기술자"라고 평가한 바 있다. 힐에 따르면 "중세의 기계 기술자란 복잡한 기계를 설계하고 제작하여 의도했던 대로 기능을 발휘하게 했던 사람"이라고 한다.

《세종실록》권 65 〈보루각기〉 가운데 "모든 기계(機械)는 감추어져 보이지 않고……"라는 구절과 "영실은 …… 성질이 정교하여 항상 궐내의 공장(工匠) 일을 주관하였다."라는 구절에서 알 수 있듯이 당시에 장영실은 왕실의 최고 기계공장(機械工匠)이었다.

장영실은 15세기 동아시아의 가장 뛰어난 기계 기술자이다. 그가 한국의 기술 발달사, 나아가서는 세계의 시계 제작 역사에서 차지하는 비중은 자격루를 복원해 놓은 뒤에나 가늠할 수 있을 것이다. 하루 빨리 자격루가 복원되어 우리의 궁금증이 풀리고 그의 진면목이 드러나기를 바라는 마음 간절하다.

서양 중세 과학기술의 조선 전래

세계로 열린 창, 연경 | 정두원과 로드리게스의 만남 | 소현세자와 아담 샬의 교류
천체 구조설의 조선 전래 | 효종의 시헌력 반포 | 실학자 홍대용 | 서양기하학의 조선 전래
정조와 화성 그리고 정약용 | 박규수와 남병철의 과학기술 활동

세계로 열린 창, 연경

중국 중심의 세계관에서 깨어나다

　한국사에서는 1600년을 전후로 조선시대를 전기와 후기로 나눈다. 전기가 중국의 전통적인 사상을 수용하고 일본이나 주변 국가들과의 소극적인 교류로 세계를 인식한 시기였다면, 후기는 간접적으로나마 서양 학술 특히 중세의 과학기술을 수용함으로써 서양과의 관계를 서서히 이루고 결국은 조선이 세계사 속으로 편입되는 시기라 할 수 있다. 그 동안 중국(명나라)과 일본에는 서양의 천주교 선교사들이 들어와 선교를 시작함으로써 서양과의 직접적인 교류가 이루어지고 있었다.

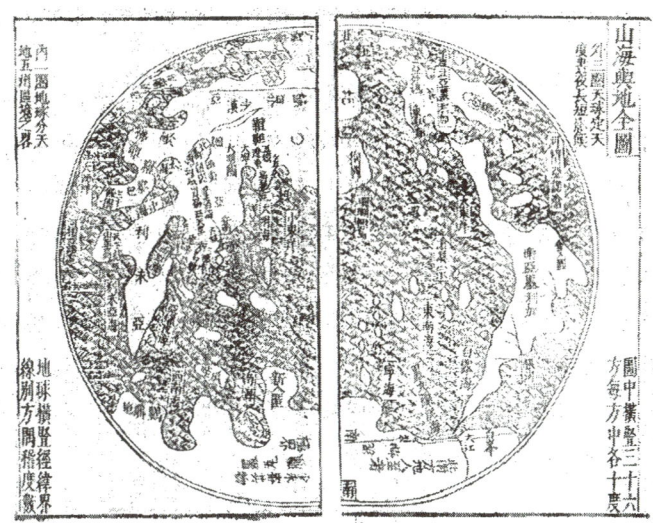
│ 마테오 리치의 세계지도(산해여지도)

 이러는 가운데 이 땅에도 서양 문물이 밀려들기 시작하였으니 최초의 문물은 마테오 리치(Matteo Ricci, 1552~1610)가 1602년에 만든 세계지도였다. 이 지도는 당시 임진왜란을 겪은 뒤 황폐해진 조선 지식층에 신선한 충격을 주었고, 처음으로 서양의 존재를 확실히 조선에 알리는 계기가 되었다. 물론 이 지도를 통하여 서양의 존재를 처음으로 알게 된 것은 아니다. 삼국시대 이래 아라비아 상인들의 왕래와 1402년(태종 2년)에 김사형 등이 제작한 혼일강리역대국도지도(混一疆理歷代國都之圖, 현재 일본 천리대학에 소장되어 있다)에 서유럽과 아프리카와 아라비아가 나타난 것으로 보아 어렴풋이나마 서양의 존재를 알고 있었을 것이다. 그러나 중국을

중심으로 일본, 유구, 멀리라야 지금의 인도인 천축(天竺)과 서역
(西域) 정도를 세계의 전부로만 알고 살던 조선 사람들에게 리치
의 세계지도는 경천동지할 놀라움 그 자체였다. 서역의 서쪽에도
수많은 도시와 국가가 있고, 대동양(태평양) 건너에도 또 다른 세
계가 있다니! 당시 조선의 대표적인 지식인이었던 이수광은 그의
저서《지봉유설(芝峰類說)》에서 리치의《천주실의》와《중우론(또는
교우론)》그리고 세계지도에 대하여 자세히 소개하고 있다. 1603
년에 연경(燕京)에 사신으로 갔던 이광정(李光庭)과 권희(權憘)가
가져온 리치의 곤여만국전도(坤輿萬國全圖) 6폭과 1604년에 사신
으로 갔던 황희명이 가져온 양의현람도(兩儀玄覽圖) 8폭은 이제까
지 중국을 세계의 중심으로 생각해온 조선인들의 세계관을 송두
리째 바꾸어 놓았다.

자명종 : 서양 문명 전파의 매개물

중국인들에게는 서유이씨(西儒利氏)와 이마두(利瑪竇)라는 이름
으로 더 잘 알려진 이탈리아 출신의 마테오 리치는 중국에 들어오
기 전인 1571년 예수회(Society of Jesus, SJ)에 입회하고, 로마학원
에서 그레고리오 역법(曆法, 현재 우리가 쓰고 있는 양력의 기본이 되는
역법)을 창안한 클라비우스(Christopher Clavius)로부터 철학과 신
학, 수학과 천문학의 강의를 받았다. 이때 배운 수학과 천문학 지
식은 뒷날 그가 중국에서 서광계(徐光啓)와 이지조(李之藻)를 비롯
한 당대 중국의 지식인들과 교류를 터 천주교를 선교하는 데 중요

기술 문화의 형성과 발전

자명종(숭실대학교 한국기독교박물관 소장)

한 도구가 되었다. 1583년 중국에 들어온 리치는 1610년 북경에서 사망할 때까지 선교와 서양 학술의 한역(漢譯)에 종사하면서 뒷날 아담 샬(Johann Adam von Bell Schall, 湯若望), 페르비스트 (Ferdinand Verbiest, 南懷仁)를 비롯한 서양 선교사들이 선교와 천문 연구에 종사할 수 있는 길을 닦았다. 리치, 샬과 페르비스트는 우리 국사 교과서에 나올 만큼 우리와는 인연이 깊은 중요한 인물들이다. 서강대학교는 리치의 업적을 기려 공과대학의 건물을 R

관(마테오 리치관)이라 명명한 바 있다.

리치는 만력 황제로 더 잘 알려져 있는 명나라 신종(神宗)을 알현하면서 자명종(自鳴鐘), 바이올린(洋琴), 천주성상, 만국지도 등 진기한 서양 문물을 진상하였다. 신종은 이 가운데 자명종과 양금에 강한 호기심을 보였다. 해시계와 물시계밖에 없던 시절, 밤낮으로 재깍거리는 소리를 내며 종을 쳐대는 자명종은 신종의 어린 아이 같은 호기심을 발동시켰다. 결국 신종은 시계가 고장나는 것에 대비하는 방편으로 리치에게 북경 선무문 앞 땅을 주고, 교회를 지어 포교할 수 있도록 허락하였다(일본 최초의 포르투갈 선교사 프란시스코 자비에르도 자명종으로 인하여 선교를 허락받았다).

리치는 《기하원본》 6권, 《곤여만국전도》, 《측량법의》, 《혼개통헌도설》을 비롯하여 대략 22종에 달하는 서양 학술서를 한역하였다. 수학, 천문학, 지리학 등에 관한 서적은 대부분 서양 과학기술을 이해하는 데 기초가 되는 것들로 연행 사신들에 의해 조선에 수입되었다. 이 책들은 조선이 서양을 아는 데 필수적인 서적들로 실학의 형성에 중요한 역할을 하였음은 역사적으로 잘 알려진 사실이다.

곤여만국전도

'지구상에 있는 모든 나라들의 지도'라는 뜻의 곤여만국전도(坤輿萬國全圖)는 앞에서 말한 바와 같이 1603년에 조선에 전래되었다. 이수광은 《지봉유설》에서 리치가 만든 또 하나의 지도인 산해

기술 문화의 형성과 발전

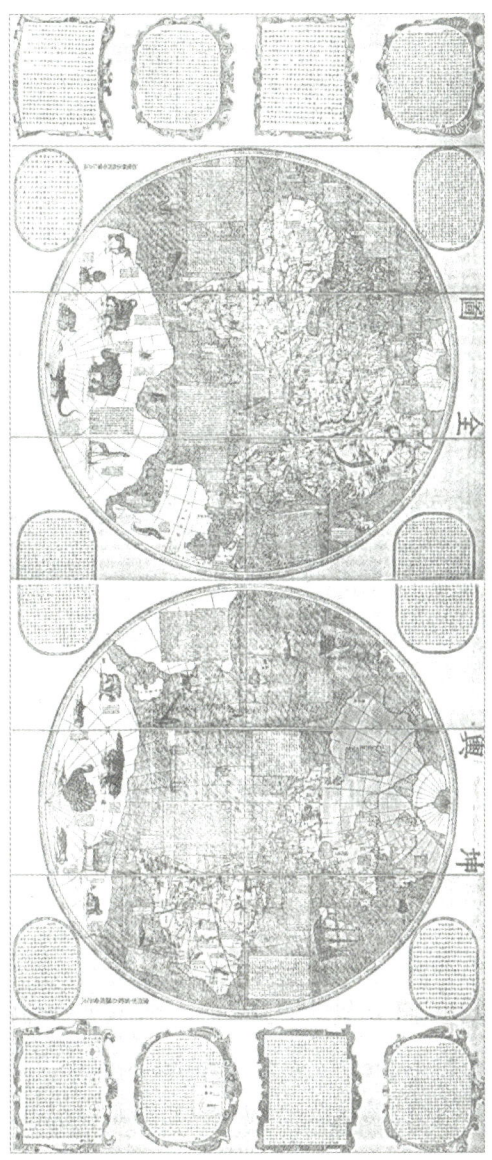

곤여만국전도

여지전도(山海輿地全圖)와 함께 '구라파국여지도'라는 이름으로 이것을 소개하고 있다. 내용을 요약하면 이 지도들은 중국과 조선 8도, 일본 60주와 서역이 특히 상세하고, 이른바 구라파는 서역에서도 서쪽으로 가장 먼 곳이어서 중국으로부터 8만 리나 되고, 구라파의 경계는 남으로 지중해, 북으로 빙해, 동으로 도나우 강, 서로 대서양에 이른다고 하였다.

리치의 세계지도는 중국 지식인들 사이에서 인기가 높아 여러 차례 인쇄되었는데, 1603년에 이응시(李應試)라는 중국 사람이 이 지조 본의 곤여만국전도를 확대하여 양의현람도 8폭으로 북경에서 간행한 것을 1604년 연경에 간 조선 사신이 들여왔다. '양의'란 하늘과 땅, 곧 혼천의와 지구의를 지칭하는 말이다. 이 지도는 중국에서도 찾아볼 수 없는 세계적인 보물로 현재 숭실대학교 한국기독교 박물관에 소장되어 있다.

곤여만국전도는 포르투갈과 스페인 함대가 세계를 일주하면서 얻은 지리적 대발견의 성과를 토대로 제작되었다. 그러나 단순히 서양 지도의 내용을 한자로 옮겨놓은 것이 아니다. 리치가 중국에 오는 동안에 측량한 내용이 담겨 있으며, 중국을 중앙부에 놓고 부분적으로는 중국의 지리 지식을 가미하여 중국인들이 쉽사리 받아들이도록 만든 것이다. 여기에서 대지는 둥글고(球形), 세계는 구라파(유럽), 리미아(아프리카), 아세아(아시아), 아묵리가(아메리카), 메갈라니카(Megallanica, 마젤란이 발견한 남방 대륙)의 5대륙과 4대양으로 되어 있다는 것이 처음으로 알려졌다.

숙종은 관상감으로 하여금 1687년에 곤여만국전도(보물 849호, 서울대학교 박물관 소장)를, 1708년에 곤여도라는 지도를 제작하게 하였다. 이 지도에는 각종 동물, 선박, 혼천의, 아리스토텔레스가 주장한 구중천설(九重天說), 각종 측량 기구 등이 그려져 있다.

리치의 지도는 그의 후계자인 페르비스트(南懷仁)에 의해 1674년에 개정되어 조선에도 전래되었는데 1860년에 목판으로 중간되어 널리 보급되었다. 조선 사회는 리치의 1602년 지도를 받아들이면서 서서히 세계사 속으로 빠져들게 되었으니 이 지도야말로 조선인들에게는 세계로 열린 창이었다.

정두원과 로드리게스의 만남

화승총과 수발총의 대결

최근까지도 우리는 사냥꾼을 흔히 '포수(砲手)'라고 불렀는데, 포수는 포를 다루는 요즘의 포병과는 달리 조총의 일종인 화승총(火繩銃, matchlock)을 다루는 사람을 말한다.

화승총이란 16세기 초에 유럽에서 개발되어 1544년 포르투갈 상인들이 일본에 들여온 이래 동아시아에서 사용된 조총을 말한다. 두 가닥의 실을 꼬아 한 가닥으로 만들고 이를 초석(硝石)에 담가 말리면 천천히 연소하는 불꽃 줄인 화승을 만들 수 있다. 조총은 이 원리를 이용해 만든 총이다. 임진왜란 때 주로 일본군이 사용하였는데 임진왜란 이전에 우리 나라에도 들어왔다. 지금도 아산의 현충사에 가면 이때의 것으로 보이는 조총을 볼 수 있다. 조총은 화승이 비에 젖거나 강한 바람이 불면 제 기능을 발휘하지 못하게 된다. 또한 밤에는 위치를 노출시킬 위험도 있고 발사 속도가 느린 단점이 있다.

1866년 프랑스 함대가 쳐들어와 일으킨 병인양요와 1871년 미국의 함대가 침략하여 일으킨 신미양요에서 열렬히 싸우다 장렬한 최후를 마친 장병들은 대부분 평안도 강계에서 차출되어 온 화승총으로 무장된 호랑이 포수들이었다. 그때 프랑스와 미국의 장병들은 근대식 수발총(燧發銃, flintlock)으로 무장하고 있었다. 수발총이란 유럽의 무기 장인들이 시계 제조 기술을 이용하여 만든

기술 문화의 형성과 발전

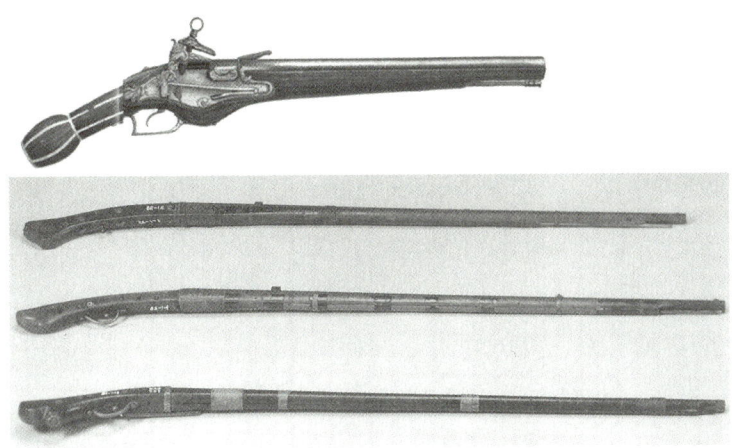

▌수발총(위)과 화승총(아래)

것으로 16세기 중엽에 화승총의 화승을 부싯돌 방아쇠로 대치한 조총이다. 수발총은 방아쇠를 잡아당기면 총기의 용두(龍頭)가 물고 있는 부싯돌이 용수철의 힘을 받아 화렴(火廉)을 쳐서 마찰로 불꽃을 일으키고 약실 중의 화약에 점화시키는 방식의 조총이다. 중국의 기술사학자인 황일농(黃一農) 교수는 이 총이 심한 비바람 속에서도 발사할 수 있으며 발사 속도도 향상시킬 수 있는 장점이 있으나, 기계장치가 복잡하여 동아시아에서는 널리 보급될 수 없었다고 주장한다. 17세기 중반에 유럽 각국의 군사는 이 방식의 총으로 무장하였다. 그래도 우리 포수들은 수발총으로 무장된 서양 군사에 대항하여 이들을 물리쳤으니 대단한 실력이었음을 알수 있다. 그러나 기쁨도 잠시. 6년 뒤에 일본이 고의로 일으킨 운양호 사건에서는 총 한 방 쏴보지 못하고 불평등 조약의 대명사인 병자수호조약(또는 강화도조약)에 순순히 응해야 했다. 양요를 물리칠 때의 기세는 어디 가고 훈련대장 신헌은 조약에 응해야 했을까? 서울 한복판에 승전비마냥 척화비가 서슬 퍼렇게 서 있던 때 아닌가. 결국 개항을 거부하고자 전면전을 치를 수 없는 사정도 사정이려니와 이미 수발총으로 무장하고 있는 일본군을 상대로 한 전쟁은 승산이 없었던 탓일 것이다.

그러면 우리 나라는 왜 근대식 수발총 대신 구식 화승총에만 의존했을까? 조선에 수발총이 전해지지 않아서인가? 그렇지 않다. 조선에도 1631년 화포 또는 서포(西砲)라고 하는 수발총이 분명히 전해졌다. 당시 임금인 인조는 이것의 실용화를 주장했으나 당시 성리학자들의 반대에 부딪혔다. 이로써 화승총을 개량할 수 있는 기회를 완전히 놓쳐버리고 만 것이다. 수발총은 당시 위정자들에게 한낱 기이한 서양 물품 정도로 치부되어 '놀라움'의 대상이 되지 못한 채 역사 속으로 사라져버렸다. 그 후 250여 년 동안 화승총이 줄기차게 사용되었다.

로드리게스—서양 문물의 제공자

1630년 정두원은 진주사(陳奏使)로 연경(북경)에 파견되었다. 그는 산동반도의 등주에서 예수회 선교사인 로드리게스(Jeronimo Rodriguez, 陸若漢)로부터 조선 국왕에게 전할 귀중한 선물을 받아 왔다. 물론 이것은 조선에 천주교를 선교할 권한을 확보하기 위한 것이었다. 《국조보감(國朝寶鑑)》 권 35에는 인조에게 진상된 서양 문물이 서양 화포, 염소화(화약), 천리경(망원경), 자목화를 비롯하여 《치력연기》, 《천문략》, 《이마두천문서》, 《천리경설》, 《직방외기》, 《서양국풍속기》, 《서양국공헌신위대경소》 각 1책씩, 천문도 남북극 2폭, 만국전도 5폭, 홍이포제본 1이라고 되어 있다. 이것들은 1600년에서 1630년까지 북경에서 마테오 리치, 서광계와 이지조, 아담 샬을 비롯한 예수회 선교사들이 저술하거나 한역한 과학 서적과 지도, 서양 시계 등을 망라한 자료들로서 서양의 천문, 지리, 병기를 이해하는 데 실로 귀중한 것들이었다. 이 선물들을 올리면서 정두원은 "……화포는 화승을 쓰지 않고 화석으로 치면 불이 혼자 붙어서 우리 나라 조총을 두 번 쏘는 사이에 4, 5발을 쏠 수 있으니 빠르기가 귀신과 같습니다……."는 보고서를 함께 올렸다. 여기서 화포는 앞서 살펴본 수발총이라는 것을 확실히 알 수 있다. 천리경, 화포, 화약과 홍이포(紅夷砲)의 제조법 등은 당시 후금(청)과 군사적 긴장 관계가 고조되고 있던 상황에서는 국방을 튼튼히 하는 데 매우 중요한 것들이었다.

총 한 자루 얻어왔다고 벼슬을 올려 준다니 … 아니 되옵니다, 전하

인조는 정두원이 가져온 화포 등의 무기가 '정교하기 그지없고 전투용으로 적합하기 때문에' 벼슬을 한 계급 올려주려고 하였다. 그러나 대신들은 "그 진상된 물건은 단지 정교하고 기이할 뿐 실용적인 것이 많지 않은데 그것의 좋은 면만 보시는 것은 이치에 맞지 않습니다. 이것은 벌을 줄 수는 있어도 상을 줄 수 없습니다. 소포(小砲) 하나를 구하여 온 연고로 가자(加資)하심은 물정에 맞지 않으므로 이 명을 거두어 주소서"라고 극렬히 반대하였다(《승정원 일기》). 그래도 인조는 대신들을 설득하여 "이 무기는 우리가 이용하면 반드시 그 힘을 의지할 수 있을 것이고, 또 바다를 건너 오느라 노고가 많았으니 한 차례 포상하여도 문제될 것이 없다"고 주장하지만 반대는 여전하였다. 그날 이후 대신들은 보름 동안에 아홉 차례나 인조에게 명을 거두어 줄 것을 청하였으나 인조는 받아들이지 않았다.

이 사건 이래 조정은 화포의 개량과 홍이포의 제조에도 성의를 보이지 않아 무기 개량에 대한 절호의 기회를 완전히 상실하고 말았다. 조정은 여전히 임진왜란 동안에 위력을 떨치었던 천자총통 등의 사용을 고집하였다. 이 총포는 무게가 무거울 뿐만 아니라 조준 장치도 없고 해전용이어서 육전에서는 적합하지 않았다. 그래도 정두원은 북경에 가서 화약 제조법을 배워 오는 등 화약 제조를 위하여 부단한 노력을 기울였으나 큰 성과는 거두지 못하였다. 이러한 결과는 두 차례의 호란에서 전투력의 상실로 나타나 인조가 삼전도에 나아가 청 태종 앞에 무릎을 꿇는 고통과 수모를 겪게 된다. 삼전도에 '대청황제의 공덕비'를 세우고 그 주변을 청나라의 영토로 내주는 등 국치가 이만저만이 아니었다(이 비석은 국내에서 가장 큰 비석이다). 수발총과 홍이포의 개발에 힘썼다면 이런 수모와 고통은 면하지 않았을까?

기술 문화의 형성과 발전

전통을 고수하는 것도 지나치면 고루해지기 마련이다. 오랑캐의 법속이라도 이용후생에 가치가 있다면 배울 것은 배워야 한다는 자성의 목소리가 나온 것은 당연한 귀결이었다. 조선시대에 대부분의 무기 개발은 혁명 임금 자신이나 그 측근만이 관여하였다. 정두원의 경우를 보면 그에 대한 왕의 신임도와 무기 개발의 중대성을 알 수 있다. 여기서 마지막으로 국사학계의 견해를 들어보기로 하자.

"이 시대에는 서양의 새로운 과학과 기술이 들어와서 이 방면에도 새로운 발전을 이룩하였다. …… 선조(1567~1608년) 말년에 명에 갔던 사신이 가져 온 유럽 지도가 서양에 대한 정확한 지식을 가지게 된 시초였다. 그 뒤 인조 9년(1631년)에는 정두원(鄭斗源)이 사신으로 명에 갔다 오는 길에 천주교 서적과 함께 화포·천리경·자명종·만국지도·천문서·서양풍속기 등을 가져온 일이 있다. ……"(이기백 지음「한국사 신론」263쪽) 이 글은 한국을 대표하는 원로 사학자가 본 서양 과학의 조선 전래를 밝힌 글 가운데 일부이다. 바로 이 글에서 나온 '화포'가 앞 절에서 언급한 수발총이라는 것이 그후 여러 기록에 나타나지만 우리의 학계는 더 이상 화포가 무엇인지에 대한 기술적 추구를 유보하고 있다. 당시 위정자들이 서양의 무기 기술을 대수롭지 않게 치부했던 것과 크게 다르지 않다. 문헌 사학자들에게서 화포의 생김새에 대한 설명을 기대하기는 어렵다 해도 과학기술사에 대한 사학계의 인식이 필요한 때이다.

전통 속의 첨단 공학기술

소현세자와 아담 샬의 교유

숙종이 천문도를 보고 읊은 시

숙종 34년(1708년) 관상감에서는 아담 샬이 제작한 적도남북양총성도(赤道南北兩總星圖)를 6폭 병풍에 모사하여 진상하였다. 이를 받아 본 숙종은 다음과 같은 시 한 수를 즉석에서 읊었다.

題西儒湯若望 天文圖屛
서양 유생 아담 샬이 만든 천문도 병풍에 붙임

지대함은 오직 하늘인데
사람이 붓을 잡아 모사했도다.
일찍이 대 위에는 오르지 않았으나
눈앞에 펴놓은 천문도로 다 볼 수 있구나.
선악과 재앙과 상서로움을 다 내리고
고금사가 부절(符節)같이 꼭 들어 맞는도다.
이를 어찌 소홀히 할 수 있으랴
하늘을 떠받듦은 요(堯)임금을 본받음이로다.

이 시는 "題西儒湯若望 天文圖屛"이라는 제목부터가 조금 생소하다. 그러면 제목의 '西儒 湯若望'이란 누구일까? 어찌하여 임금이 이 사람의 이름을 넣어 시를 지었을까? 또 시의 대상인 '천문도

병'이란 무엇인가? 이러한 의문을 풀어보기로 하자.

'西儒 湯若望'은 서양에서 온 유생 아담 샬을 뜻한다. 실제는 예수회 소속의 신부지만 유생의 복장을 하였기 때문에 유생이라고 본 것이다. 아담 샬(Joannes Adam Schall von Bell, 1591~1666년)은 독일 출신의 예수회 선교사이며 뛰어난 과학자로서 중국에서 활약한 인물인데 중국식 이름은 탕약망(湯若望)이다. 중국에서의 선교 활동을 성공적으로 이끌기 위해서는 뛰어난 과학자를 파견해야 한다는 예수회의 방침에 따라 아담 샬은 1622년 중국에 들어와서 선교와 아울러 《숭정역서(崇禎曆書)》를 편찬하는 등 과학 활동에 종사하였다. 마테오 리치가 서양의 지리학과 지도를 보급하고 지구가 둥글다는 것을 동방에 알려주는 데 공헌하였다면, 아담 샬은 중세 서양 천문학과 역법 보급에 대한 공로가 누구보다 큰 사람이다.

'천문도병'이란, 한 해 전에 관상감 일관(日官)으로 북경에 파견되었던 허원(許遠)이 북경에서 구입한 아담 샬의 적도남북양총성도라는 천문도를 관상감에서 모사한 '병풍식 천문도'를 뜻한다.

한시(漢詩)라면 뛰어난 풍경이나 예술품을 본다던가 사람과의 만남이나 이별에 즈음하여 짓는 것이 보통이다. 그런데 숙종의 어제시문 가운데는 외래 문물인 천문도, 자명종, 물시계, 선기옥형(혼천의) 등을 두고 지은 시가 여러 편 남아 있다.

천문도나 혼천의를 두고 시를 짓는다는 것은 소위 임금이 '관상수시(觀象授時)'라는 신성한 임무를 수행하고, 요(堯)임금의 천도

정치 사상을 본받아 유교의 정치 이념을 이 땅에 실현하려는 굳은 의지를 백성들에게 확실히 천명하기 위한 일종의 정치 행위이다. 임금이라 하여 모두 이러한 시를 지은 것은 아니다. 관상수시라면 조선시대 첫째로 꼽을 세종대왕도 이런 류의 시문보다는 《간의대기(簡儀臺記)》 곳곳에 관상수시의 중요성에 입각하여 몇 편의 기문을 기초하면서 소회를 남겼을 뿐이다. 영조는 십여 편의 의상시문을 남겼는데 부자간인 숙종, 영조는 관상수시와 요순시대의 복고에 남달리 힘쓴 임금들이다.

제목에서 알 수 있듯이 서양식 천문도는 조선에서도 큰 관심거리였다.

소현세자와 아담 샬의 만남

마테오 리치가 죽은 뒤, 예수회는 중국에서의 예수회 선교 활동에 서양의 과학 지식이 크게 활용된다는 것을 인식하고 당대의 일류 과학자들을 중국에 파견하였다. 이 가운데는 판토하(龐迪我, 서양 윤리 책 《칠극(七克)》 지음)를 비롯하여 우르시스(熊三拔, 수리와 수력법을 설명한 《태서수법(泰西水法)》 지음), 디아스(陽瑪諾, 프톨레마이오스의 천체관을 설명한 《천문략(天文略)》 지음), 알레니(艾儒略, 서양 교육제도를 설명한 《서학범(西學凡)》, 세계지리에 관한 《직방외기(職方外紀)》 지음), 아담 샬과 로(Jacob Rho, 羅雅谷, 《숭정역서(崇禎曆書)》와 《서양신법역서》 편찬), 페르비스트(南懷仁, 《영대의상지(靈臺儀象志)》 지음), 쾨글러(戴進賢, 《역상고성(曆象考成)》 지음) 등은 다양한 서양의 천문·역산서를 한역(漢譯)하거나 저술하여 중국은 물론 조선의 천문·역법 발전에 크게 기여한 인물들이다. 조선시대 후기의 한·중 과학기술 교류는 거의 모두가 이들의 저작물들을 수집하거나 이들과 교류한 기록이라 할 수 있다.

1644년 명조를 대체하여 청조가 중원에 들어서자 이미 서광계(徐光啓)와 이천경(李天經), 아담 샬과 로의 참여로 1634년에 편찬이 끝난 《숭정역서(崇禎曆書)》를 손질하여 《서양신법역서(西洋新法曆書)》를 편찬하고 이것에 의거하여 만든 시헌력(時憲曆)을 채용하게 되었다. 조선도 김육(金堉)의 건의에 따라 효종 4년(1653년)부터 시헌력을 채용하기에 이르렀다. 이 과정에서 병자호란의 인질로 심양에서 대청 교섭 창구 역할을 해오던 소현세자와 봉림대군(뒷날 효종)은 청군의 장수 예친왕의 북경 입성시에 청군을 따라 북경에 들어가 자금성의 문연각에 머물렀다. 그들은 이곳에서 1645년 정월에 귀국하기까지 70여 일간을 북경의 선무문 안 천주교 주원에서 선교 활동을 하던 아담 샬과 친분을 맺고 교류하였다. 당시 샬은 《숭정역서(崇禎曆書)》를 손질하여 《서양신법역서(西洋新法曆書)》를 편수하고 새로운 역서인 시헌력을 제작하는 중이었다.

샬은 소현세자가 조선의 임금이 될 신분이라는 것을 알고 천주상, 천구의, 천문서 및 기타 서양 과학 기술 서적을 보냈고, 소현세자는 이들을 보고 매우 감명을 받아 귀국하면 이것들을 활용할 것임을 천명하였다. 특히 천주교에 대하여도 '정신 수양과 덕성 함양에 관한 뜻이 심오한 교리'로 평가하고 예수회 선교사를 데리고 귀국할 뜻을 비치기도 하였다. 그것이 여의치 않자 소현세자는 명나라 환관을 포함하여 몇 명의 교인을 대동하고 샬이 선물한 천주교 서적과 샬이 저술한 상당량의 천문과 역법에 관한 책, 신법지평일귀를 비롯한 천문의기를 갖고 귀국하였다. 이 천문서 가운데는 프톨레마이오스의 지구 중심설(천동설)보다 진일보한 덴마크의 천문학자 티코 브라헤(Tycho Brahe, 1546~1601, 중국에서는 第谷이라 불렀다)의 관측 성과를 도입한 내용이 들어 있다. 이는 코페르니쿠스의 태양 중심설(지동설)에 근접한 최신의 이론들이었다.

그러나 귀국한 지 2개월 만에 소현세자가 의문의 죽음을 맞이함으로써 새로운 선진 문명 도입의 웅대한 꿈은 물거품이 되었다. 다만 몇 권의 서적과 샬과 로가 제작한 신법지평일귀가 오늘까지 남아 있을 뿐이다(이것은 보물 839호로 덕수궁 궁중유물전시관에 소장되어 있다). 이렇게 하여 당대 최고의 과학자와 서양의 선진 과학 문물을 도입하여 근대 국가를 이룩하려던 왕세자의 만남은 허망하게 끝나고 말았다. 만일 소현세자가 그때 죽지 않았다면 조선은 어떻게 되었을까? 세자가 죽은 지 얼마 지나지 않아 샬의 뛰어난 과학 업적은 일부 실학자들에 의해 수용되었다.

기술 문화의 형성과 발전

천체 구조설의 조선 전래

하늘은 둥글고 땅은 네모나다

　천체 구조에 대하여 조선시대의 지식인들은 전통적인 중국의 천원지방설(天圓地方說)을 그대로 따르고 있었다. 곧 하늘은 원형의 곡면으로, 땅은 평면으로 보았다. 중국에서는 옛날부터 천원지방설말고도 '하늘이 땅을 덮고 있다'는 개천설(蓋天說), '하늘은 달걀과 같고 땅은 계란의 노른자와 같다'는 혼천설(渾天說), '하늘은 특별한 형체가 없고 해와 달과 별들은 하늘에 매여 있는 것이 아니라 떠 있는 것'이라는 선야설(宣夜說)의 주장자들이 서로 비판하는 가운데 천체구조론을 크게 발전시켰다. 가장 오랫동안 지지를 받아온 이론은 개천설과 혼천설인데, 한대(漢代) 이후 근세에 이르기까지 동아시아의 정치·철학·과학사상의 핵심으로서 부동의 자리를 굳혀왔다.

　혼천의는 바로 혼천설을 대변하는 기구로서 지구를 중심으로 태양이 회전하는 천체의 구조를 나타내며 5성(수·금·화·목·토성)의 운행을 관찰하는 관측기이다. 이것은 기원전 4세기경부터 제작되었다고 하나 본격적인 발전은 한대 이후이다. 그러니까 땅은 평면이든 구형이든 하늘에 감싸여 있다는 우주관이 동아시아를 지배했던 것이다. 태양계가 지금과 같은 궤도를 갖고 운행하는 천체 구조라는 것은 감히 생각조차 못하였다. 그렇다면 인류는 언제부터 땅이 둥글고 태양의 주위를 운행한다는 것을 알았을까?

서양에서는 땅이 둥글다는 이론을 그리스 시대 이래 인식해 왔지만, 동양에서는 뚜렷한 이론이 없었다. 마테오 리치가 1583년에 중국에서 그린 그의 첫 번째 세계지도인 산해여지전도에서 땅을 둥글게 그리면서 처음 알려졌다. 1602년 리치가 곤여만국전도에서 혼천의 안에 땅을 둥글게 그리면서 이 이론을 확실하게 했다는 것이 학계의 정설이다. 그러나 이것들은 지구가 천체의 중심으로서 고정되어 있고 태양이 그 주위를 회전한다는 지구 중심설(천동설)에 바탕을 둔 이론에 지나지 않았다.

서양에서는 그리스 시대에 톨레미(Claudius Ptolemy, 기원 후 2세기경 알렉산드리아의 천문학자. 이집트 왕조를 세운 톨레미 왕조와는 구별해야 한다)의 12중천설(十二重天說, 지구를 중심으로 하는 항성의 궤도 운동론)이 풍미하였다. 이 이론은 중세를 지나는 동안 천주교에서 신학적으로 전폭적인 지지를 받았으며, 12총두설(十二蔥頭說)로 더욱 잘 알려졌다. 코페르니쿠스(Nicholas Copernicus, 1473~1543)가 톨레미의 지구 중심설에 정면으로 반대되는 태양 중심설(지동설)을 주장하고, 덴마크의 천문학자 티코 브라헤(Tycho Brache, 1546~1601)가 독자적인 우주 체계를 발표하고, 케플러(Johannes Kepler, 1571~1630)가 타원 궤도 이론을 발표하여 코페르니쿠스의 가설을 증명하고, 갈릴레이(Galileo Galilei, 1564~1642)가 이것을 지지할 때까지도 여전히 종교적으로는 톨레미의 천동설에서 한 발짝도 나아가지 못했다. 그렇지만 한편으로는 과학혁명(Scientific Revolution)이 숨가쁘게 진행되고 있었으니, 동아시아에서 여전히 종래의 개천설이나 혼천설에 집착하고 있는 것과 대조적인 상황이었다.

서양 천체 구조설의 조선 전래

톨레미의 12총두설(十二蔥頭說)은 1631년 정두원을 통하여 조선에 전래된 서양 과학 서적 《천문략(天文略)》에서 소개되었다. 이것이 아마 조선 지식인들이 전통적인 우주관인 개천설이나 혼천설말고 처음으로 접한 서양의 우주관이었을 것이다. 중국이나 조선의 지식인들에게는 역서 제작을 위한 천문 이론 이외에 우주의 구조나 지동설과 같은 자연철학은 별로 흥미의 대상이 되지 못하였던 것이 사실이다.

12중천설에서는 가장 높은 12중에 천주와 천당이 있고, 12개의 얇은 껍질이 양파 모양으로 구성되어 있어 이것을 12총두라고도 불렀다. 해와 달, 5성은 맨 안쪽에 위치하며 이것들은 본천의 움직임에 따라 움직인다. 이것은 코페르니쿠스 이전의 서양 우주관으로서 종교적인 색채가 농후하였다. 당시에는 코페르니쿠스의 지동설은 금지된 이론이었기에 공개조차 되지 못하였다. 뒷날 지동설에 대한 교황청의 종교재판도 바로 이 천주와 천당이 있는 하늘을 부정하는 데 대한 종교적 대응이었다(지동설이 공인된 것은 1758년이고, 1767년 브누아(Michel Benoist)가 《곤여도설》에서 소개함으로써 중국에 처음 알려졌다. 이 무렵 우리 나라에도 소개되었을 것이다).

《천문략(天文略)》에는 갈릴레이가 1609년 망원경을 이용하여 측정한 토성의 관측 결과 등 당시로서는 가장 참신한 천문 지식이 들어 있었다. 《천문략(天文略)》과 함께 들어온 아담 샬의 《원경설(遠鏡說)》은 천체 구조에 대하여 역서 작성 이외에는 별다른 관심이 없던 조선의 지식인들에게는 별다른 감흥을 불러일으키지 못하였다. 그러나 성호 이익(李瀷)은 '지구설'에 입각하여 12중천설을 매우 심각하게 받아들여 전통적인 개천설의 합리적인 해석을 꾀하기도 하였다. 이는 종래 중국 위주의 세계관으로부터 탈출하고 싶은 심정이 크게 작용한 결과로 볼 수 있다.

조선인들이 서양 과학으로부터 큰 영향을 받은 것은 아담 샬을 통해 간접적으로나마 티코 브라헤의 천문학을 도입한 이후였다. 티코 브라헤는 덴마크 왕 프레데릭 2세의 후원 아래 흐벤(Hven) 섬에 대규모의 천문 관측 시설을 설치하고, 1570년대 중반부터 20여 년 간 태양계를 관측한 결과를 바탕으로 새로운 천체 구조설(Tychonic system)을 발표하였다. 이것은 지구를 중심에 두고 달이 지구를 돌고, 태양은 지구 주위를 궤도로 운행하며, 수성, 금성, 화성, 목성, 토성은 태양을 중심으로 운행한다는 주장을 담고 있다. 이것은 태양을 중심으로 수성, 금성, 지구, 화성, 목성, 토성이 궤도를 운행하는 코페르니쿠스의 천체 구조와 다르지만 태양계에서 지구를 제외한 태양계만의 구조는 유사하다. 티코 브라헤의 구조는 종래 톨레미와 코페르니쿠스의 절충형이라 볼 수 있다. 여기에는 종교적인 배려가 크게 작용하였다.

갈릴레이가 망원경을 이용하여 관측한 결과가 천문학계를 뒤흔

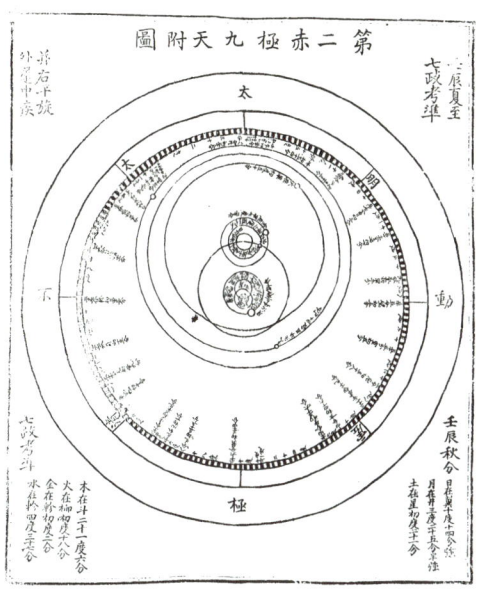
| 김석문의 천체구조(《역학도해》에서)

들고 케플러의 루돌프 표(Rudolphine Tables)는 아직 발표되지 않았던 1620년대에 아담 샬은 유럽을 떠나 당시로서는 최신학문인 티코 브라헤의 천문학을 중국에 가져왔다. 이것만으로도 역서 작성에서 중국의 전통 천문학을 훨씬 능가하였다. 이와 같이 새로운 천문학의 지식을 갖춘 예수회 신부인 아담 샬을 맞이할 수 있었다는 것이 중국이나 조선에는 매우 다행스런 일이었다. 아담 샬은 명의 마지막 황제인 숭정제 4년(1631) 《숭정역서》 편찬에 참여하여 3년 뒤에 135권으로 된 《숭정역서》를 완성하였다. 그러나 명의

멸망으로 시행되지 못하고 《서양신법역서》 100권으로 재편되어 청의 순치 2년(1645)부터 시헌력으로 반포되었다. 조선에서는 1653년부터 채택되었다.

이 과정에서 아담 샬은 남반구와 북반구의 별들을 수록한 적도남북양총성도라는 천문도를 제작하였는데, 이는 종래 북반구의 별만을 실은 천문도를 능가하였다. 이 천문도는 제작된 지 77년 만인 숙종 34년에 관상감에서 모사하였다. 또한 《서양신법역서》에 들어 있는 아담 샬의 저서인 《역법서전(曆法西傳)》과 《오위역지(五緯曆指)》에는 코페르니쿠스(중국에서는 歌白泥라 불렀다)의 '지동설'이 간단하게 소개되어 있어 조선의 지식인들은 어렴풋이나마 일찍이 지동설을 알았을 것이다. 또한 김석문은 아담 샬의 《시헌서》 등을 통하여 지전설을 주장하였다. 이러한 결과는 그가 지은 《역학도해(易學圖解)》라는 책에 잘 나타나 한역 서양과학서가 조선의 유학자들의 새로운 우주관 형성에 기여하였음을 알게 해준다. 또 이를 통하여 홍대용은 지전설을 주장하게 되었다.

기술 문화의 형성과 발전

효종의 시헌력 반포

역서의 변천

현재 우리가 사용하고 있는 역법은 한국천문연구원이 발행한 「역서 2000」에 근거한다. 역서란 달력을 만드는 데 기본이 되는 천체 현상을 모은 자료집으로서 책력과 달력 제작의 바탕이 되어 왔다.

예로부터 역법이란 왕조의 흥망과도 직결된 것으로 매우 중요한 의미를 가졌다. 역서를 만들어 백성들에게 농사 지을 시기를 알려주는 일은 통치자의 고유하고 신성한 임무의 하나였다. 동서양을 막론하고 천체 현상을 측정하여 이를 바탕으로 역서를 만들어 인쇄하여 백성들에게 나누어주는 일이 과학 기술의 시초를 이루었다고 할 수 있다.

우리 나라는 삼국시대 이래 중국으로부터 역서를 수입하여 쓰다가 조선 세종대에 이르러 원나라 때 만든 수시력(授時曆)을 우리 나라의 실정에 맞게 교정하여 《칠정산내편》이라는 역서를, 회회력(回回曆)을 연구하여 《칠정산외편》이라는 역서를 만들어 이 두 가지를 겸용하였다. 그 후 효종 4년(1653년)에 시헌력(時憲曆)을 반포함에 따라 역법 체계는 서양식으로 바뀌었고 이를 바탕으로 천세력(정조 원년, 1777년), 만세력, 명시력(고종 35년, 1898년)을 제정하여 사용하였다. 일제 강점기에는 조선총독부가 발행한 조선민력, 양력을 썼다. 해방이 되면서 국립중앙관상대가 설립되고

1946년에 이원철 박사의 주관 아래 《세차역서(歲次曆書)》가 발간된 이래 최근까지 서너 차례 역서를 개간했다. 《역서 2000》이야말로 조선시대의 《칠정산내편》을 제작하여 쓴 이래 560여 년 만에 우리 손으로 만든 제대로 된 역서이다. '서양 과학의 산물'이라 할 수 있는 시헌력이 쓰이게 되기까지의 과정에 대하여 살펴보기로 하겠다.

대통력에서 시헌력으로

1644년 명나라를 대체하여 청나라가 중원에 들어서면서 당연히 제기된 문제가 역법의 개정이었다. 중국에서는 왕조가 교체되어 새로운 왕조가 들어서면 '수명개제(受命改制)'의 사상에 따라 역법을 개정하였다. 역법이 왕조의 정통성을 나타내주는 동시에 통치 세력의 권위를 상징해주기 때문이었다. 따라서 청의 3대 황제인 순치제(順治帝)는 이미 서광계(徐光啓)와 이천경(李天經), 아담 샬과 로의 참여로 1634년에 편찬이 끝난 《숭정역서》를 손질하여 《서양신법역서》를 편찬하고 이것에 의거하여 만든 시헌력을 1645년에 새로운 역법으로 반포하였다. 당시까지 써왔던 명나라의 대통력(大統曆)은 이제 쓸모가 없게 되었다. 대통력은 수시력을 기본으로 제작된 것으로서 4백여 년이 지나는 동안 천도와 차이가 생겨 천체 현상과 역서가 정확히 일치하지 않았다. 반면 서양 역법을 기본으로 만든 시헌력은 매우 정확하여 청조에서는 이의 없이 받아들여졌다. 대통력에서는 1년이 365일 1/4일이므로 원주

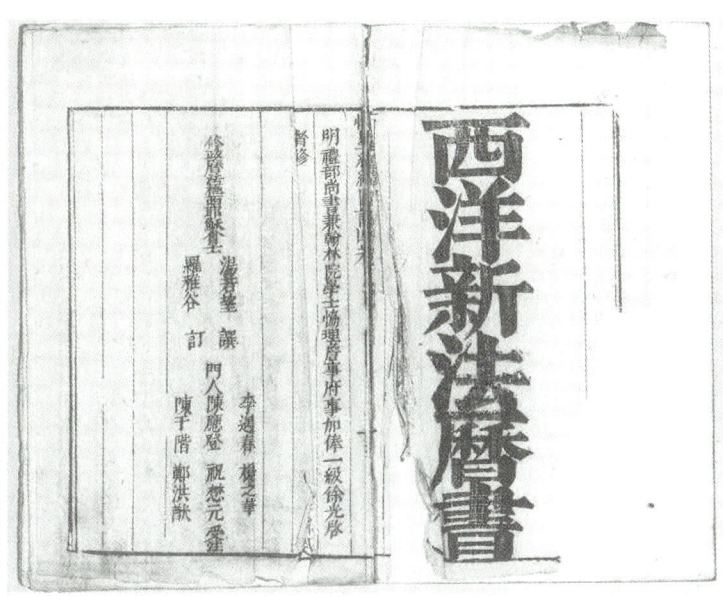
서양신법역서

의 도수도 365도 1/4도였으나 새로운 시헌력에서는 원주의 도수를 360도로 정하고 모든 계산을 이에 따라 하였다. 이것이 서양 과학이 가져온 최초의 변화였다. 이에 따라 우리 나라에서도 김육(金堉, 1580~1658)의 건의에 따라 효종 4년(1653년)부터 시헌력을 채용하기에 이르렀던 것이다.

병자호란의 인질로 심양에 머물던 소현세자는 북경에서 선교 활동을 하던 아담 샬과 친분을 맺고 교류하였다. 소현세자는 샬이 선물한 《서양신법약서》를 비롯하여 천주교 서적과 샬이 저술한 상당량의 천문·역법서, 서양식 해시계를 비롯한 천문의기를 갖고 귀국하였다. 그러나 귀국한 지 2개월 만에 소현세자가 의문의 죽음을 맞이함으로 인해 새로운 선진 문명 도입의 웅대한 꿈은 물거품이 되었음은 앞 절에서 언급한 바 있다. 소현세자가 귀국한 지 4개월 뒤(1645년 3월)에는 세자의 동생인 봉림대군(뒤에 효종으로 등극)도 귀국하게 되는데 이때 수행했던 재상 한홍일(韓興一)은 청국에서 시행하는 시헌력의 정확성에 감탄하여 역법 개정을 건의하기에 이르렀다. 관상감 제조인 김육도 역법 개정을 지지하였는데, 시헌력을 대통력과 비교해보고 시각 제도와 절기의 배치상 중대한 차이가 있는 것을 발견하였기 때문이다.

고난의 서양과학 습득

1645년에 중국에서 만든 시헌력을 교정하여 쓰다 보니 차츰 문제점이 노출되기 시작하였다. 서양 과학에 대한 바탕 지식이 전무한 상태에서 시헌력의 계산법을 연구하여 역서를 만드는 일은 관상감의 일관(日官)들에게는 매우 어려운 일이었다. 생소한 서양 천문학과 이를 뒷받침하는 수학, 특히 기하학과 천문 관측 결과를 이해하기란 쉬운 일이 아니었다. 뿐만 아니라 '역을 만드는 실마리(作曆縷子)'는 역관이 구체적으로 천상(天象)을 추산하는 계산으로서 반드시 체계적인 정리를 거쳐야 이해할 수 있으므로 배우기 힘들었다. 이에 1646년 김육은 일관을 북경에 파견하여 역서 작성법을 배워 오도록 임금에게 주청하였다. 1647년 조정은 일관을 북경에 파견하여 시헌력의 계산법을 학습하도록 하였고, 아담 샬 등 흠천감의 관리들로부터 받은 자료를 바탕으로 김상범(金尙范) 등이 적극적으로 연구에 힘을 쏟기 시작하였다. 조정에서는 다시 1651년에 김상범을 연경에 보내 흠천감에서 1년 동안 학습하도록 하였고, 마침내 그는 시헌력의 편산(編算) 방법을 터득하여 귀국하였다. 1654년 이와 같은 노력들이 큰 성과를 거두어 관상감의 일관들은 마침내 독자적으로 신법 역서를 편찬하였으며 조정으로부터 정식으로 허락을 얻어 시헌력을 발행하기에 이르렀다. 1655년 김상범이 중국에서 연수 중 서거함으로써 그의 노력이 수포로 돌아가는가 하였으나 시헌력의 추산법은 다행히도 전승되었다. 그야말로 서양 과학 습득의 길은 멀고도 험난한 것이었다.

이러한 판국에 시헌력 채용에 대한 시비 논쟁이 중국에서 일어나 구역관들이 신역관인 아담 샬 일파를 타도한 소위 강희옥사(康熙獄事)를 일으켰는데, 이와 같은 풍파는 조선에서도 발생하였다. 종래의 대통력에서 계산한 계절과 윤달에서 뚜렷한 차이가 있었기 때문이다. 이러한 혼란 때문에 관상감 내에서도 구력을 사용할 것을 주장하기도 하였으나 청에서 다시 시헌력을 채용하게 됨에 따라 조선에서도 현종 10년(1669년)부터 시헌력으로 바꾸어 사용하게 되었다.

시헌력에 대한 크고 작은 문제는 그 후에도 그치지 않아 조정에서는 관원들을 연경에 보내 고찰하고 학습하도록 하였다. 이들을 '부연관(赴燕官)'이라고 일컬었다. 부연관의 주요한 활동은 흠천감에서 천문 계산 방법을 학습하고, 과학기술 서적을 구입하여, 중국 사회와 과학기술 문화를 고찰하여 배운 과학 지식을 가지고 돌아오는 것이었다. 오늘날 해외 주재국에 상주하는 과학관에 해당되었던 이들은 눈부신 활약을 함으로써 선진 문물을 받아들이는 데 크게 기여하였다. 이러한 과정을 거쳐 서양 과학기술은 조선에서 서서히 자리잡게 되었다.

실학자 홍대용

서양 과학의 본질을 꿰뚫어 본 실학자

매년 정부는 4월을 '과학의 달'로 정하고 여러 가지 과학 문화 관련 행사를 갖고 있다. 1994년 문화체육부는 홍대용(洪大容, 1731~1783, 호는 담헌)을 '4월의 문화인물'로 정하고 그를 기념하는 여러 가지 학술 행사를 가졌다. 국문학과 과학기술사 관계 인사들이 주축이 되어 열린 이 행사에서는 주로 홍대용의 과학기술 업적이 재조명되었다.

홍대용은 국사 교과서에도 오를 만큼 저명한 북학파 실학자로서, 지구 자전설의 독창성 여부로 학계에 논란을 일으켜 더욱 유명해진 인물이다. 또한 중국 북경을 다녀와서 지은 여행기인 《연기(燕行記)》(이 책은 원래 한문으로 쓴 것인데 《을병연행록(乙丙燕行錄)》이라는 이름으로 한글로 다시 썼다)와 우주관을 놓고 실옹(實翁)과 허자(虛子)가 벌이는 《의산문답(醫山問答)》, 수학 관련 저술인 《주해수용(籌解需用)》은 그의 과학 사상의 깊이를 가늠할 수 있는 저술들로서 18세기 후기 한·중 교류와 조선 사회를 파악하는 데 중요한 자료들이다. 오늘날 그는 철학·사학·문학·과학 분야에서 널리 연구될 만큼 생전의 활동 범위가 종횡무진이었으며, 오늘날까지 추앙받는 18세기 후반을 대표하는 지식인의 한 사람이다.

홍대용의 위대함은 이러한 경력이나 저술보다는 서양 과학이 동양 과학보다 앞선 것은 '서양 과학의 본질이 실험 기구와 수학을 통한 검증'에 있음을 꿰뚫어 본 최초의 한국인이라는 데 있다. 또한 그는 이러한 신념을 관철하기 위해 나경적(羅景績) 등과 여러 가지 천문의기를 제작하여 그의 향리에 농수각(籠水閣)이라 이름 붙인 천문관에 설치하고 과학 탐구에서 실험 기구가 갖는 중요성을 몸소 실천함으로써 서양 과학의 본질에 한발 더 다가섰다. 그의 생전의 저술은 그의 후손들에 의해 모아져 《담헌서(湛軒書)》와 《을병연행록》으로 남아 있다. 이 장에서는 대표적인 실학자 홍대용의 생전의 업적 가운데 중국 여행을 통하여 수용하게 된 서양 과학기술 관련 분야를 집중적으로 살펴보기로 한다.

경전 연구보다는 과학 탐구에

1731년 3월 초하루 날에 현재 독립기념관 근처인 충남 천원군 수신면 장산리 장명촌에서 태어난 홍대용은 12세부터 당대 손꼽는 학자인 그의 고모부 김원행(金元行, 1702~1772, 호는 미호)의 석실서원에서 전통 선비교육을 받았다. 그러나 홍대용은 당시 선비 계층에게 당연시되어 왔던 과거를 보아 출세하기 위한 경서 공부보다는 천문학, 역산학, 수학, 음악, 병법 등을 힘써 연마하였다. 그는 중국에서 서양 선교사들이 번역한 서양 과학 서적을 구독하여 서양 과학기술을 이해하고자 하였다. 한편 그는 이것을 사회 발전에 활용할 것을 주장하여 공리공론으로 흐르던 주자학의 허구성을 탈피하여 실질적인 학문 연마에만 힘을 썼다. 그러던 차에 34세 때는 연경에 파견되는 숙부인 연행사 홍억(洪檍)의 자제군관

기술 문화의 형성과 발전

| 홍대용 초상(중국학자 엄성 그림)

으로 북경을 다녀왔다. 이후 과거에는 합격하지 못하여 조상의 음덕으로 벼슬길에 나아가 45세에는 세손(뒷날 정조가 됨)을 교육하는 세손익위사라는 교육 기관에서 세손을 가르치기도 하였다. 영천군수를 지내다가 어머니의 병구완차 고향에 돌아왔다가 1783년 10월 22일에 별세하였다.

　홍대용은 향리에 담헌(湛軒)이라는 사랑채를 짓고 저술에 힘썼다. 담헌의 남쪽에는 뒷산 골짜기에서 흘러내리는 물을 받아 연못을 만들고 그 안에 작은 정자를 짓고, 여러 가지 천문 기구를 개발하고 설치하여 농수각(籠水閣)이라 이름하였다. 세종대왕이 경복궁에 건설한 왕립 천문대인 간의대 이후 민간의 힘으로 건설한 조선 최초의 사설 천문관인 농수각은 서양 과학에 심취한 한 젊은 지식인의 노력의 결실이며, 18세기 후반 한국의 과학 문화를 알게 하는 중요한 실마리이다. 앞서 소개한 바 있는 덴마크의 과학자 티코 브라헤가 흐벤 섬에 세운 태양 관측소와 비교하면 규모나 전문성에서 뒤지지만, 이와 같은 시설을 짓고 과학을 탐구했다는 면에서는 높이 평가하고도 남는다. 충청남도에서는 홍대용의 생가를 문화재로 지정하였지만 관리 소홀로 쇠락되어 볼품이 없어지자 그나마도 헐어버려 지금은 주춧돌만 덩그러니 남아 있다(최근 일부 인사들이 이것을 복원하려는 운동을 추진하고 있다). 농수각이 서 있던 연못은 어느 때부터인가 메워진 채로 채마밭으로 경작되어 흔적을 찾을 수 없다. 그 안에 들어 있던 기구들도 후손들이 담헌을 떠난 한말에 여기저기로 흩어져 거의 흔적을 찾기 어렵다. 그 가운데서 《을병연행록》을 비롯한 일부 유물이 김양선에 의해 수집되어 지금은 숭실대학교 기독교박물관에 소장되어 있으니 천만다행이다.

농수각 천문 기구

1759년 가을 홍대용은 아버지 홍역(洪櫟, 1722~1767)이 목사로 있는 금성(지금의 나주)을 여행하면서 당대 저명한 기술자인 나경적과 그의 문인 안처인을 방문하고 혼천의와 자명종을 만들어 농수각에 설치하였다. 《담헌서》권 8 외집 〈농수각의기지〉에는 통천의(統天儀), 혼상의(渾象儀), 측관의(測管儀), 구고의(句股儀), 후종(侯鐘)의 원리와 구조에 대한 설명이 들어 있다. 이 기구들에 대하여는 건국대학교 한국기술사연구소가 한국학술진흥재단의 연구비 지원을 받아 연구한 "홍대용의 담헌서 연구"(책임연구자 한영호 교수)를 통하여 정체가 조금씩 밝혀지고 있다.

　홍대용은 천문 기구들을 만들면서 전통적인 명칭 대신 독창적인 이름을 붙였다. 예를 들면 혼상의는 혼상, 측관의는 간평의, 후종은 자명종의 다른 이름이다. 이 기구들을 만들어 농수각에 설치한 뒤 홍대용은 친우들을 농수각에 초청하고 시회를 열었는데 이때 김이안(金履安, 1722~1791, 호는 삼산재)은 《농수각기》를 짓고 다른 6명은 통천의와 후종을 두고 시문을 지었다. 또한 중국 여행 중에는 엄성, 반정균, 육비 등 당대 중국의 소장학자들과 교류하고 자기의 농수각에 대하여 의견을 구하기도 하였다. 엄성은 홍대용의 초상을 스케치하여 한층 우의를 돈독히 하기도 하였다. 농수각의기 가운데 현재까지 정확한 구조가 복원된 것은 없지만 통천의의 부품으로 보이는 유물이 숭실대학교에 남아 있고, 최근 한영호 교수는 측관의를 복원하여 학계에 보고한 바 있다. 구고의는 피타고라스의 정리를 이용한 측량 기구이다.

　기왕에 홍대용의 생가를 도지정문화재로 지정한 충청남도는 보다 적극적으로 복원 사업에 착수하여, 생가인 담헌과 농수각을 제자리에 복원하기를 바란다. 아울러 그 안의 의기들도 실물로 복원

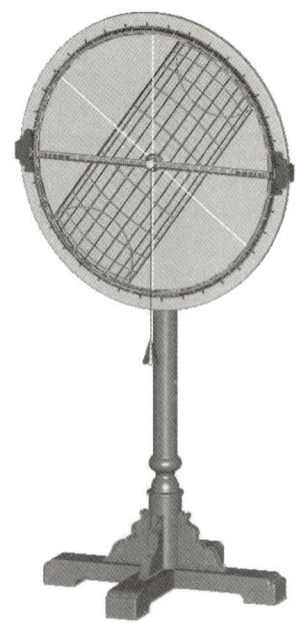

| 측관의(복원품, 건국대학교 한국기술사연구소)

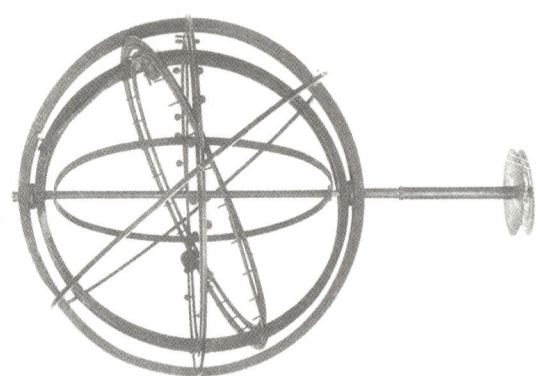

| 통천의 부품(숭실대학교 한국기독교박물관 소장)

하여, 상공흥사(商功興事)를 위해 심혈을 기울였던 세계적인 과학자요 수학자인 홍대용의 업적을 널리 선양하는 데 앞장서 주기를 바라는 마음 간절하다. 이것이 바로 한국의 과학기술 문화를 세계에 알리는 길이기도 하다.

유리창의 '금란지교'

1765년 을유년(영조 41년) 11월 2일 한양을 출발한 연행사 일행은 2개월여 만에 연경(지금의 북경)에 도착하게 되는데, 이때 홍대용은 앞서 본 바와 같이 연행사의 서장관(정사, 부사 다음이 서장관이다)인 숙부 홍억의 자제군관으로 동행하게 되었다. 서울에서 북경을 오가는 동안에 홍대용은 다양한 문화와 풍속, 광대한 천하를 접하게 되었다. 북경에서의 두 달은 홍대용에게 중국 문화, 서양 과학, 자신의 과학 사상을 검증할 수 있는 그야말로 생애의 획기적인 계기가 되었다. 중국 문화와 서양 과학에 눈뜬 '개안의 시간'들이었다고 말할 수 있다.

옛날이나 지금이나 북경 하면 떠오르는 곳이 책방과 골동품 가게가 즐비한 유리창이다(서울의 인사동 거리와 같은 곳이다). 이곳은 자금성을 지을 때 유리기와를 굽던 곳이라서 오늘날에도 그대로 유리창으로 부르고 있다. 왕부정 거리와 더불어 관광객으로 항상 붐비는 곳이기도 하다. 유리창에는 문을 연 지 700년이 넘는다는 서점 영보재가 있는 고서점 거리와 문방구점이 볼거리이다. 조선시대에는 연행사를 수행한 사신들이 반드시 들르는 답방 코스로서 이곳에서 사온 책과 문방구라야 조선에서 대접을 받았다고도 한다. 홍대용은 이곳에서 절강성 항주에서 과거를 보러 왔던 거인(擧人, 향시에 합격하여 진사시험에 응시할 자격을 갖춘 사람)들인 엄성, 반정균, 육비 등과 알게 되었다. 홍대용은 그들이 머물고 있던 간정동을 오가면서 통역 김재행을 사이에 두고 대화를 나누거나 때로는 필담으로 경전, 성리, 역사, 풍속, 종교 등 다방면에 걸쳐 의견을 교환하였는데, 가히 '금란지교' 라 할 만하다.

홍대용은 이들과의 대화를 모아 《간정동필담(乾淨衕筆談)》이란 이름으로, 그리고 뒤에 항주에 살던 이들과 편지로 학문을 교환한 편지를 묶어 《항전척독(杭傳尺牘)》이라는 서간문집을 엮었다. 특히 엄성은 홍대용의 초상을 스케치하여 줄 정도로 각별하였다. 엄성의 사후에 친우를 통해 보낸 홍대용의 추도문과 향이 공교롭게도 엄성의 대상에 도착하여 거기 모인 친구들이 그 기이한 인연을 '엄홍생사지교(嚴洪生死之交)' 라 하여 경탄하였다고, 연암 박지원(《열하일기》를 지음)이 지은 〈홍덕보묘지명〉에 적혀 있다. 반정균과는 홍대용이 요청한 자연 과학 서적을 구입하여 인편에 보내주는 등 깊은 교류를 가졌다.

북경 남천주당

홍대용은 북경 선무문 안에 있는 남천주당을 세 번 방문하여 내부 시설을 둘러보고 홍명복이라는 중국어 통역을 통해 흠천감(欽天監, 조선의 관상감에 해당하는 천문·역법을 관할하는 관청)의 책임자인 서양 선교사 유송령(Hallerstein)과 부책임자인 포우관(Gogeisl)과 대화를 나누었다(이 대화록은 뒷날《유포문답(劉飽問答)》이라는 책으로 엮여졌다). 이들과의 대화를 통해 홍대용은 서양 과학, 특히 천문·역법은 한·당(漢唐) 이래의 중국의 것을 능가할 만큼 우수하다는 것을 알게 되었다. 따라서 이제 중국은 더 이상 세계 문화의 중심지가 아니고 유교적 사고는 절대성을 가질 수 없음을 실감하게 된 것이다. 그곳에 전시된 서양 과학 기구들을 통하여 서양 과학의 진수가 정밀한 과학 기구와 관측에 있음을 확인하고, 자기가 세운 농수각에 새로운 기구들을 더 만들어 놓을 것을 구상하기도 하였다. 또한 서양 문물의 전시장이라 할 수 있는 그곳에서 기독교에 대한 견문을 얻기도 하였다. 그러나 홍대용의 관심은 기독교보다는 자연 과학에 있었다. 때문에 이들과의 담론을 통하여 아쉬우나마 그간에 품었던 궁금증을 풀 수 있었고, 그의 북학사상 형성에도 중요한 계기가 되었다. 특히 유송령과의 대화를 통해 홍대용은 평소에 품어왔던 지구의 자전설에 대한 궁금증을 풀고 북경에서 돌아와 지은《의산문답》속에서 이것을 구체화한 것으로 보인다. 교회 안에 전시된 여러 가지 천문 기구와 자명종을 위시하여 처음으로 본 망원경(원시경)은 젊은 홍대용을 서양 과학 문명에 심취하게 하고도 남음이 있었다. 일찍이 1631년에 정두원이 북경에서 천리경을 한양에 들여왔지만 구경할 기회를 갖지 못했던 홍대용은 이것을 빌려 태양을 관찰하기도 하였고, 북경에서 이것을 구입하려고 했으나 워낙 값이 비싸서 뜻을 이루지 못하였다.

관상대

 귀국에 임박하여 홍대용은 천문의기들을 관람하기 위해 북경 건국문(동문) 안에 있는 관상대(지금의 북경 고관상대)를 찾았다. 이곳은 근무하는 관리들을 제외하고는 출입이 금지된 곳이라 문지기들에게 가져간 인삼과 종이를 건네주고서야 그나마 밤중에 잠시 들어가 볼 수 있었다. 그런 상황인지라 3층 높이의 관상대 위에는 올라가 볼 엄두도 내지 못하였다. 이곳은 당시 북경에서 제일 높은 곳으로 여기에 올라가면 황제가 사는 자금성을 내려다볼 수 있어 이곳에 오르는 것 자체가 금지되어 있었다. 홍대용은 뜰 안에 놓인 명대에 만든 혼의와 간의 등을 보는 것으로 만족하였고, 관상대 위의 의기들은 먼발치에서 보는 것으로 만족해야 했다. 이곳은 원대 이래 사천대(관상대)가 있던 곳으로 명대에는 혼의와 간의 등을 제작하여 천체를 관측하였다.

 청대에 들어서 서양 과학의 우수성을 인정한 강희제는 천문·역법을 관장하는 흠천감의 우두머리를 서양 선교사로 임명하였다. 이 때문에 아담 샬과 페르비스트, 쾨글러 등은 흠천감의 책임자로 근무하면서 많은 천문 기구들을 제작하였다. 강희제는 남회인을 시켜 천체의, 적도경위의, 황도경위의, 지평경의, 기한의(육분의, 거도의), 상한의(지평위의)를, 프랑스 선교사 기리안을 시켜 지평경위의를, 건륭제는 쾨글러를 시켜 기형무진의를 만들었다. 홍대용은《의상고성》,《수리정온》,《지구도설》등의 서적을 통하여 이것들에 대하여 익히 알고 있어 이번 여행에서 꼭 확인하고 싶었

기술 문화의 형성과 발전

을 것이다. 농수각의 아이디어도 이 서적들에서 비롯되었던 것으로 보인다.

고관상대에 얽힌 에피소드를 하나 소개하기로 하겠다. 홍대용의 천문사상에 대하여 우리 나라에서 일인자이셨던 소남 유경로 선생님은 1992년 8월 21일 필자(남문현)와 더불어 고관상대를 방문한 자리에서 홍대용의 방문 기록이 남아 있는지를 관상대장 최석죽(崔石竹) 교수에게 물었다. 정식으로 방문한 관리도 아니고 밤중에 몰래 다녀간 사람에 대한 기록이 남아있을 리 만무하였다. 그때 오랜 궁금증을 풀어보리라 별러오셨던 유 선생님이 보여주신 아쉬움과 낭패감은 지금도 필자의 기억에 생생하다.

이곳의 기구들은 역사상 보기 드문 동서 과학기술 교류의 산물로서, 중국 아니 인류 역사를 통틀어 유일무이하리만큼 값진 인류의 과학 문화유산이다. 이것들이 더욱 유명해진 것은 1900년 의화단사건('북경의 55일'이라는 영화로 소개되었다)으로 촉발된 구미 8개국 연합군이 북경을 침범하여 원명원을 불사를 때 독일군과 프랑스군이 앞서 소개한 천체의와 지평경위의를 관상대에서 약탈해 가면서부터이다. 독일군은 약탈해 간 천체의를 베를린 근교 포츠담의 여름궁전(상스시)으로 반출하여 20년 가까이 전시하다가 1차 대전이 끝나자 파리강화조약에 따라 관상대에 반납하였다. 프랑스군은 약탈한 지평경위의를 천진에 있는 프랑스 영사관에 이전·보관하였다가 본국으로 반출하려던 중 세계 여론에 굴복하여 4년 뒤에 반납하였다.

북경 고관상대에서는 이곳의 의기들을 중심으로 국제회의가 두 번 개최되었는데 국내에서는 필자를 비롯하여 유경로, 나일성 등 여러분이 참가하였다. 이곳은 남천주당과 더불어 연행사를 수행했던 조선의 학자들이 꼭 들러보고 싶어하던 곳이었다. 흠천감을 통하여 많은 조선의 과학자들이 서양 과학을 배우고 익혀와 사실상 조선에 대해서는 서양 과학 도입의 창구라 할 수 있는 유서 깊은 곳이기도 하다. 지금은 입장료만 내면 누구나 올라갈 수 있어 북경에 여행할 기회가 있는 독자들은 한번 고관상대에 올라보기를 권한다.

지전설

북경을 떠나 귀국하는 사신들은 중국의 동북 지방에 있는 명산인 여산(閭山)에 들러 휴식을 취한 뒤에 압록강을 건너 본토로 들어오는 것이 상례였다.

1776년 3월 1일 북경을 떠난 홍대용은 여산에서 수일간 머무르며 휴식을 취한 뒤에 한양으로 돌아와 《의산문답(毉山問答)》이라는 책을 지었다. 《의산문답》은 홍대용의 《임하경륜》과 더불어 그의 학문관, 자연관, 사회관, 국가관, 역사관 등을 종합적으로 서술한 저술이다. 이 책은 성리학의 교조주의에 젖어 있는 유학자 허자(虛子)가 의무려산에 살고 있는 실증적인 유학자 실옹(實翁)을 찾아가 나눈 대화를 엮은 것이다. 이 책에서 홍대용은 예전의 자신을 허자로, 중국에서 견문을 넓힌 자신을 실옹으로 비유하면서

기술 문화의 형성과 발전

| 청대 초기의 북경관상대

지구의 자전을 비롯하여 유교와 도덕, 만물의 근원, 해와 달의 본질, 별의 운행, 기후의 변화, 물과 바다의 조수, 효도와 장례, 중국의 흥망, 화이(華夷)는 하나라는 사상 등 광범위한 주제를 대화체로 서술하고 있다. 그는 이러한 주제들 가운데 지구 자전에 대하여 매우 과학적인 해석을 하고 있는데, 그것은 "지구가 하루에 한 번씩 자전하므로 9만 리 넓은 땅은 12시(12지의 시간으로 현재의 24시간에 해당된다)에 돌기 때문에 그 속도가 번개나 포탄보다 더 빠르다"고 한 기술에 잘 나타나 있다. 반면 "지구는 자전할 뿐이지 몸체가 무겁고 둔하기 때문에 공전하지 않는다"는 기술은 그의 신

화적인 면을 드러내기도 하는데 이는 파황천(破荒天)의 견해로서 당시 시대를 앞서가는 과감한 논리였다고 해석할 수 있다.

뿐만 아니라 그가 이 책의 말미에서 설파한 화이존비사상의 타파는 과학적 신념에 근거를 둔 것으로 당시 사대주의에 젖어 있는 조선의 식자들에게서는 꿈도 꾸기 어려웠던 발상이었다. 중국에 대한 조선의 종속과 자멸을 부당하게 여겨온 홍대용은 "사람은 누구나 제 백성을 친애하고, 제 임금을 높이고, 제 나라를 지키고, 제 풍속에 안주하나니 여기에는 화이의 구별이 없다"고 역설하고 있다. 화이사상이란 중국을 천하의 중심으로 설정하고 다른 민족을 남만, 북적, 동이, 서융의 오랑캐로 규정하여 중국이 이들 주변국가를 종속시키는 데 이론적 근거가 되어온 사상으로, 둥근 하늘은 중국이고 사방의 땅은 오랑캐가 사는 변방이라는 천원지방설(天圓地方說)에 근거를 두고 있었다. 그러나 서양 과학의 등장으로 지원설(地圓說) 및 지전설이 소개되면서 천원지방설이 설득력을 잃게 되었고 중국이 천하의 중심이라는 화이사상도 흔들리게 되었다. 곧, '화(華)'와 '이(夷)'는 존비나 상하 관계가 아닌 서로 다를 것이 없는 대등한 것으로 다만 도덕과 문화의 수준에 달려 있다는 홍대용의 논리적이고 과학적인 주장은 이 책에서 가장 감동적인 피날레이다.

홍대용의 지전설 주장

《의산문답》의 세계는 홍대용 사상의 결집이라 할 수 있다. 후세 사람들에게 가장 열띤 논쟁을 불러일으킨 부분은 바로 지전설이다.

지전설이 정말 홍대용의 독창적인 발상이냐 아니냐를 놓고 벌인 학계의 논의는 이것이 홍대용의 과학 지식의 정수를 이루는 하나의 상징이라는 데서 중요한 의의를 갖는다. 《의산문답》 가운데 지구의 회전 운동이 바로 논의의 출발점이다. 1780년 중국을 방문한 박지원은 중국인 친구들에게 담헌 홍대용이 지전설을 자랑삼아 이야기한 것을 그의 《열하일기》에 적고 있다. 담헌의 사후에 지은 〈홍덕보묘지명〉에서 "……서양 사람들은 지구를 말하면서 지전(地轉)을 논하지 않았다. 그에 앞서 덕보(德保, 홍대용의 자)는 땅이 한 번 돌아 하루가 된다고 하였다……."라고 하여 지전설이 서양인에 앞서 주창되었음을 규정하였다. 바로 이 구절이 한국의 역사학자들로 하여금 홍대용이 지전론의 최초 주창자로 규정하게 만든 단초를 제공하였다.

1930년대에 홍대용의 후손인 홍영선이 담헌의 글을 모아 《담헌서》를 발간할 때 이 책의 서문을 쓴 위당 정인보는 홍대용의 실학에 관심을 가진 최초의 인물로 담헌의 저작 가운데 《의산문답》을 최고작으로 꼽았다. 지전설과 실학 사상을 높이 평가하였기 때문이었다. 1940년대 중반에 역사학자 홍이섭은 「조선과학사」라는 저술에서 앞서 박지원의 주장을 근거로 지전설에 관한 한 담헌을 최초의 주창자로 꼽았고, 그리고 1960년대에 역사학자 천관우 역시 같은 주장을 되풀이하였다.

한편 홍대용이 지전설의 최초 주창자가 아니라는 견해는 1970

년대 초에 열린 한국과학사학회의 토론에서 처음 제기되었다. 이 회의에서 일본의 저명한 과학사학자이며 교토대학 교수인 야부티(藪內淸)는 1780년에 박지원이 중국에서 홍대용의 지전설을 친구들에게 말했을 때는 이미 장우인(蔣友仁, Michel Benoit, 북경에 파견된 프랑스 선교사로서 공식적으로 지동설을 중국에 처음으로 소개하였다)에 의해 지동설이 공식적으로 중국에 소개된 뒤라고 주장하였다. 이와 비슷한 논의는 전상운, 민영규 교수 등에 의해 제기되어 지전설의 홍대용 주창설은 빛을 잃게 되었다. 그러나 홍대용의 과학사상 연구에 일가를 이룬 박성래 교수는 홍대용은 동양인으로 지구의 자전을 처음 주장했고, 무한우주론과 우주인의 존재 가능성을 생각한 과학사상가, 근대 과학기술의 중요성에 처음 확실하게 눈뜬 선각자로 높이 평가하기도 한다.

　조선에서는 과연 누가 처음으로 지전설을 주장했을까? 필자는 오히려 홍대용이 석실서원에서 동문 수학했던 그의 선배 김석문이 자신이 지은 《역학도해》에서 주장한 지구회전이론(민영규가 1973년에 소개하여 학계에 알려짐)과 《서양신법역서》 가운데 제임스 로(중국명 羅雅谷)가 엮은 《오위역지》에서 소개한 코페르니쿠스의 지동설을 통하여 지전설을 지득한 것으로 본다. 따라서 조선에서 지전설을 최초로 주장한 사람은 김석문으로 바로잡아야 한다는 것이 여러 학자들의 견해이다. 홍대용의 천문 사상을 깊이 연구한 유경로 선생은 담헌의 일기설(一氣說)이 칸트와 라플라스의 태양계 기원을 설명한 성운설과 일맥상통하는 내용이라는 주장을 내놓았다. 《의산문답》에 나타난 담헌의 천문 사상은 전통 유학의 테두리에서 도학자 본래의 사상적 깊이와 폭을 넓히기 위해 서양 과학의 지식을 채용한 것으로 보고, 이를 바탕으로 티코 브라헤의 태양계 구조설을 빌려 자신의 새로운 우주관을 정립한 것이라 평가하였다. 위에서 살펴보았듯이, 홍대용이 지전설을 독창적으로 주장하였다는 논거는 지금까지 학자들의 견해로는 희박한 것이 확실하다. 그러나 지전설 주장의 근원이 어디 있든 간에 고루한 중국 중심 사고의 지배하에 있던 조선 사회에서 그와 같은 진취적이고 과학적인 사고와 비판 정신으로 지전설을 받아들이고 '자신의 것'으로 소화했다는 점은 그의 자연과 학문에 대한 탐구 정신으로 높이 평가되어야 한다.

북경을 다녀온 홍대용은 성리학의 공리공론을 떠나 이용후생과 상공흥사(商功興事)를 주장하는 박지원, 박제가, 유득공 등과 더불어 북학파를 형성하는 데 동참하였고, 이들은 선진 문명을 도입하기 위해서는 오랑캐로부터 배워야 한다고 주장하기에 이르렀다.

홍대용의 과학 사상은 한 세기 뒤에 '우리의 정신만 건재한다면 서양의 이기를 이용해도 걱정할 것이 없다'는 동도서기론(東道西器論)과 한말의 개항으로까지 이어지는 사상적 흐름 속에 서양 과학 수용의 사상적 지평으로 작용하게 되었음은 명확한 사실이다.

전통 속의 첨단 공학기술

서양기하학의 조선 전래

전통 산학:《구장산술》

　우리의 일상 생활에서 수학은 떼어놓을래야 떼어놓을 수 없는 필수 불가결의 생활 요소이다. 옛날에는 6예(六藝)—예·악·사·어·서·수—에 통달해야 선비로서 대우를 받았는데 이 가운데 하나인 '수(數, 셈법 또는 산학)'는 중요한 덕목 가운데 하나였다.

　우리 나라에서 수학의 역사는 매우 오래되었다.《삼국사기》〈직관조〉를 보면 7, 8세기경 신라에서는 국학에다 산학과(算學科)를 두고 "산학박사 또는 조교 1인을 뽑아 철경, 삼개, 구장, 육장을 교재로 삼아 그들을 가르쳤다"고 한다. 여기서 구장이란《구장산술(九章算術)》이라는 수학책을 말한다. 고려시대에도 산학의 과거시험을 볼 때《구장산술》의 9장 10조를 암송시키고 다음에 6장을 암송시키고 여섯 문제를 풀어 네 문제를 맞추어야 시험에 통과되었다. 이러한 전통은 조선시대에도 이어져 과거시험에 잡과의 하나로 산과(算科)를 두고 산학자를 뽑아서 왕실을 비롯하여 해당 관청에 근무하도록 하였다. 이때에도 필수적으로《구장산술》을 암송하고 문제를 풀어야 했다. 지금은 근대화와 서구화에 밀려 이 책의 이름조차 잊혀졌다. 그러나 이 책은 천 년이 넘는 세월을 우리 민족의 수학적 사고와 일상 생활을 지배하였고, 문화를 형성하는 데 크게 기여하였다.

　《구장산술》은 중국 고대로부터 발전되어온 것으로서 7세기경

당나라의 이순풍이 주석을 덧붙임으로써 수학책으로서 체제를 갖추었으며, 근대 서양의 수학이 도입되어 쓰이기까지 중국을 비롯하여 한국, 일본에서 널리 사용되었다. 이 책은 제목이 말하듯 아홉 개의 장으로 이루어졌으며, 수록된 문제는 모두 246개로 본문은 대개 문제와 해답, 그리고 풀이법의 3단계로 되어 있다. 아홉 개의 장의 내용은 다음과 같다. 여러 가지 모양의 밭의 형태와 관련하여 넓이를 구하거나 분수 계산법을 소개한 방전(方田)을 필두로, 농산물의 교환 비율과 단가 계산에 관련된 속미(粟米), 비례 문제를 다루는 쇠분(衰分), 평방근과 원의 넓이를 다루는 소광(少廣), 토목 공사와 관계된 인원·부피나 길이를 계산하는 상공(商功), 비례 문제를 계산하는 균수(均輸)가 있다. 그밖에 방정식과 관계된 영부족(盈不足), 방정(方程)이 있으며, 마지막으로 피타고라스의 정리를 활용하는 구고술(勾股術)을 다루는 구고(勾股)로 되어 있다. 이것의 내용을 오늘날에 보면 중학교 수학 정도의 내용으로 이해하기 어려운 부분은 거의 없고 생소한 것이 있다면 산목(算木)을 이용한 계산법 정도일 것이다.

그밖에 산서로서 오래도록 사용된 책이 《주비산경(周髀算經)》이다. 이 책은 주나라의 '해시계'를 뜻하는 '주비'라는 제목이 말해 주듯이 산학서로서 그리고 천문학서로서 소위 복희, 신농, 황제, 요, 순으로 이어지는 중국 상고시대의 문명 발달 가운데 천문학 발달의 산물이라 할 수 있다. 최근 성균관대학교 차종천 교수가 《구장산술》과 《주비산경》을 번역하여 세상에 내놓음으로써 일반

인도 널리 접할 수 있게 되었다.

서양 기하학의 소개 – 홍대용의 《주해수용》

서양 기하학은 기원전 3세기에 그리스의 유클리드가 엮은 *Euclidis Elementorum*을 시발점으로 발달되었다. 이것이 중국에 처음 소개된 것은 북경의 예수회 선교사인 마테오 리치가 천주교의 선교를 목적으로 15권으로 된 *Euclidis Elementorum*의 앞부분 6권을 1604년부터 3년에 걸쳐 중국의 학자인 서광계(徐光啓)와 더불어 중국어로 번역한 《기하원본(幾何原本)》이 출판되면서부터이다. 이 책은 당시 일식조차 정확히 예보하지 못할 수준의 중국의 역산가들에게 천체의 운동을 계산하는 새로운 도구로서 환영을 받았고, 수학 학습의 기본 교재로 사용되기 시작하였다. 이어서 리치 등에 의해 출간된 《측량전의》 등과 같은 과학 관련 서적 출판은 종래 중국의 역법을 능가하는 새로운 역법인 《숭정역서》와 《서양신법역서》의 편찬으로 이어져 청나라 초기에는 시헌력이라는 서양 역법이 쓰이기에 이르렀다. 《기하원본》에 이어 청나라 초기에 매문정(梅文鼎) 등에 의해 편찬된 《수리정온(數理精蘊)》은 조선에도 전해져 홍대용 등 18세기 후반의 조선 학자들에게 수학 연구에 대한 기본 교재로서 귀중한 단서가 되었다.

중국을 다녀온 홍대용은 《수리정온》을 비롯하여 《혼개통헌》, 《율력연원》 등과 같은 서양 수학서들을 통하여 서양 수학의 이해를 도모하였으며, 이것들을 바탕으로 수학, 측량 및 천문에 관한 저술인 《주해수용(籌解需用)》을 저술하게 되었다. 이것은 조선 최초의 종합 수학책이라 할 수 있다. 《주해수용》은 홍대용의 저술을 모은 《담헌서》 외집 권 5에 수록되었으며 총례, 산술편, 기하편, 의기편, 음률편으로 되어 있다.

이 책의 서론이라 할 수 있는 총례는 사칙 연산의 기본인 구구수, 승제결, 도량형과 원주율 계산법 등을 다루고 있다. 산술편은 앞서 소개한 《구장산술》의 내용과 비슷한 것들로 구성되어 있으며 여기에 《수리정온》에서 다루는 서양 수학을 소개하고 있다. 기하편은 《수리정온》에 실린 내용을 발췌하여 소개하고 있다. 측량편은 홍대용 자신의 천문 지리 지식을 배경으로 저술한 것으로서 지구의 측량법, 천체의 측량법 등을 다루고 있는데, 《역상고성》 등 한역 서양 과학서의 내용을 많이 인용하고 있다. 의기편은 홍대용이 손수 제작하거나 다른 사람을 시켜 제작한 농수각의기들의 제법과 용법에 관한 것을 기술한 것이다.

《주해수용》 기하편의 내용을 보면 《기하원본》에서 다루고 있는 유클리드의 기본 정의나 공리 등에 대한 내용보다는 종래 《구장산술》에서와 같이 실생활에 필요한 측량에 관한 내용을 주로 다루고 있다. 《주해수용》을 비롯하여 서양 기하학의 조선 전래에 대하여 홍대용의 공헌을 연구한 한영호 교수는 이것을 "서양 기하학의 구장산술화"라고 규정하였다. 기하편에서는 문제의 유형별로 구고총률, 삼각총률, 팔선총률, 원의률, 구의률 등을 전반부에서 총률부로 제시하고 총률의 해법을 적용하여 문제 풀이를 한 구고법의 활용 예를 뒤에서 제시하고 있다. 오늘날의 용어로 보면 이것들은 피타고라스 정리의 활용법, 삼각법, 측량법에 해당한다. 기하편의 내용은 오늘날의 고등학교 수준을 상회하는 매우 높은 수준의 것으로 평가되고 있다.

이와 같이 서양의 기하학은 북경의 예수회 선교사들이 한역한 서양 과학서를 통하여 조선에 소개되었다. 이러한 과정에서 홍대용은 《주해수용》을 저술하고 측량이 갖는 중요성에 착안하여 기하학을 바탕으로 측량기기와 의기들을 제작하고 실험함으로써 상공흥사(商功興事)를 위한 실용 학문의 개척을 시도하였다. 18세기를 대표하는 실학자로서 홍대용의 면모는 다른 학자들과 달리 서양과학의 진수가 수학에 있음을 꿰뚫어 본 데 있으며, 이것들의 내용을 전문가의 수준으로 파악하였다는 데 있다. "지금 서양의 방법은 산수에 근본을 두고, 기구로써 참고한다(今泰西之法 本之以算數 參之以儀器)"라는 홍대용의 말은 바로 이를 두고 한 말이다.

정조와 화성 그리고 정약용

규장각

 영조와 정조가 임금으로 있었던 18세기는 한국사에서 문예부흥기라 일컬어진다. 영·정조 시대의 문화 부흥은 주로 조선 초기 세종 시대의 찬란한 문화를 부흥하는 한편, 중국을 통하여 전래된 서양의 문물을 수용함과 동시에 전통을 복구하는 운동이었다.

 조선 후기를 대표하는 정조 시대의 문화 중흥은 정치·경제·문화·과학·예술 부문에서 찬란하게 개화되었다. 이 가운데 특히 화성 신도시 건설은 기술적으로도 조선시대의 문화 역량이 총 동원된 민족 문화의 금자탑을 세운 쾌거이다. 개혁 군주로서 정조가 근대 국가를 지향하기 위해 건설한 화성(수원성)과 계획도시 수원은 200년이 지난 지금도 일부를 제외하고는 옛 모습을 간직하면서 발전하고 있다. 이 도시는 정조 시대까지의 조선 전통 문화의 모든 것을 조망하게 하는 민족 문화유산으로서 역사적 가치를 지니고 있다. 또한 이 도시를 건설하면서 건설의 전 과정을 세밀하게 기록한 공사보고서인《화성성역의궤(華城城役儀軌)》가 간행됨으로써 당시의 문화적 상황을 샅샅이 알 수 있고, 이것을 갖고 언제라도 완벽하게 복원이 가능한 문화유산으로서 그 중요성을 세계적으로 인정받고 있다.

 정조는 할아버지인 영조로부터 학자와 정치가로서 철저하게 교육을 받은 소위 개명군주로서 사후에 조선 임금으로서는 유일하게《홍재전서(弘齋全書)》라는 문집을 남겨 놓을 만큼 호학의 군주였다. 정조는 즉위하면서 창덕궁 안에 규장각이라는 왕실의 도서관 겸 연구소를 설치하고 해외에서 발간되는 문헌을 구입하여 모았는데, 이곳에서 연구를 담당했던 사람들이 사검서관이라고 부르는 이덕무, 박제가, 유득공, 서이수이다. 이들이 실학 보급에 중요한 역할을 담당하였다는 것은 널리 알려진 사실이다.

규장각은 역대 국왕의 시문, 친필, 서화, 고명, 유교, 선보 등을 관리하는 기관이었다. 이러한 역할에만 머물지 않고 각 분야의 문제와 국가 경영에 필요한 사업을 계획하였으며 교서관을 외각으로 편입시켜 경서와 사서 등의 서적을 출판하였다. 또한《규장전운》이라는 언어학에 대한 사전을 편찬하기도 하였다. 1856년에는 강화도에 외규장각을 세우고 규장각의 중요한 문서를 옮겨 놓았는데 병인양요 때 프랑스 군대가 모두 불태워 버렸다. 규장각에는 청나라로부터《고금도서집성》을 비롯해 중국에서 간행된 역대 서적들을 구입하여 놓음으로써, 당시로서는 세계의 문물을 알 수 있는 창구 역할을 하기도 하였다. 1776년에 설치되어 1894년 갑오경장으로 폐지되었고, 잠시 규장원이라는 이름으로 존속하다가 한일합병 후에는 이곳의 도서를 조선총독부가 인수하였다. 해방 후에는 서울대학교 중앙도서관이 보관하고 있다. 현재 규장각에는 사신들을 통하거나 해외에서 직접 구입한 도서 이외에도 조선 역대 왕조실록을 비롯하여 역대 주요 인물들의 저술과 작품이 소장되어 있어 가히 세계적인 보고(寶庫)라 할 수 있다. 이와 같이 규장각은 도서관으로서의 기능 이외에 연구소로서 정책을 수립하는 데 기여하였으며, 특히 인쇄 기술의 발전에 크게 이바지하였다.

《화성성역의궤》

임진왜란을 겪으면서 조선의 방위 체제는 많은 변화를 겪었는데, 그 가운데서 성곽을 조영하는 기술은 장족의 발전을 이루었다. 정조 18년(1792년)에 공사에 착수하여 2년 반 후인 정조 20년 9월에 완성된 수원성은 조선 초유의 근대적인 계획도시로 탄생하게 되었는데, 조정은 이 도시를 건설하는 일보다 더 뜻 깊은 일을 했다. 공사 과정을 낱낱이 기록한 공사 보고서인 《화성성역의궤》의 간행이 바로 그것이다. 보고서의 초안은 공사 마무리와 동시에 완성되었으나 방대한 분량 탓으로 공사가 완료된 지 5년 뒤인 순조 원년(1800년)에야 출판되었다. 이 보고서는 시일, 좌목, 도설로 된 수권 1권, 본권 6권, 부편 3권 등 전체 10권으로 1,280쪽 분량이며 정리자(整理字)라는 금속활자로 인쇄하였다. 이렇게 방대한 분량의 책을 인쇄하여 배포한다는 것은 오늘날에도 그리 쉬운 일이 아니다. 이 책의 중요성은 내용에 있는데 이것은 당시의 정치, 사회, 경제, 과학기술, 예술을 파악할 수 있는 훌륭한 역사 자료집이다. 주요 내용을 간단히 요약하면 다음과 같다.

수권에는 공사 일정, 공사 감독관의 명단과 직위, 그리고 건물과 도시의 구조를 알 수 있는 도면, 그리고 거중기를 비롯하여 공

전통 속의 첨단 공학기술

| 화성전도《화성성역의궤》

사에 사용된 도구와 기구들, 도시 거주자들이 사용해야 하는 생활 용구들에 대한 도면과 설명이 들어 있다.

본권 제1권에서 4권에는 공사 중 오고 간 각종 문서와 왕의 명령서, 어전회의와 같은 중요 회의 기록, 상량문, 기술자들의 명단과 그들에게 지급하는 노임 규정이 들어 있다. 공사에서 가장 중요한 역할을 한 기술자들은 모두 1,856명이었고, 직종별로는 22종이었다. 참고로 직종과 종사자의 수를 보면 석수 662명, 목수 335명, 이장(泥匠) 295명, 와벽장 150명, 야장(冶匠) 83명, 개장(蓋匠) 34명, 차장(車匠) 10명, 화공 46명, 가칠장(假漆匠) 48명, 대인

거장(大引鉅匠) 30명, 소인거장 20명, 기거장(岐鉅匠) 27명, 걸거장(걸鋸匠) 12명, 조각장 36명, 마조장(磨造匠) 2명, 선장(船匠) 8명, 목혜장(木鞋匠) 34명, 안자장(鞍子匠) 4명, 부계장(浮械匠) 2명, 병풍장·박배장·회장 각 1명씩이었다. 제5권과 6권에는 각 시설물을 건축하면서 소요된 자재의 명칭과 수량, 공사 중에 출납한 각종 비용의 세목이 들어 있다. 공사에 사용한 운반 기구를 보면 거중기 1대, 유형거 10량, 대차 8량, 별평차 18량, 평차 76량, 동차 192량, 발차 2량, 썰매 9대, 녹로 2대, 구판 8대 등이다. 부편은 수원성 안에 건축한 임금의 임시 거처인 행궁(行宮) 건축에 관련된 기록을 모은 것이다. 행궁의 건설을 위해 오고간 공문서와 상량문, 건물별 소용 자재와 공사 자재의 내용을 적어 놓았다.

이처럼 보고서에는 오늘날 우리가 건축 공사 시에 작성하는 내용과 같은 내용이 들어 있어 당시의 기록 방식이 현대에 결코 뒤지지 않음을 알 수 있으며, 이것을 작성하기 위해 활용한 인쇄술은 조선 후기 인쇄술의 발달을 가져온 요인의 하나가 되었다. 앞으로 이 책에 대한 종합적인 연구가 수반되어야 할 것이다.

다산 정약용

조선시대에 다산 정약용만큼 방대한 학문적 업적과 기술적 업적을 낸 사람은 드물다. 더구나 정치적 박해로 18년이라는 긴 세월을 유배지에서 보내면서 제자들을 기르고 저술에 힘써 청사에 길이 빛날 업적을 기록한 사람은 흔하지 않다. 최근 다산에 대한

전통 속의 첨단 공학기술

수원성(팔달문 옹성)

연구로 70여 명이 박사학위를 받을 만큼 그의 업적은 연구 주제로서도 시대를 초월하여 탁월하다. 다산의 면모 가운데 특기할 것은 그가 관료로서 정조에게 헌신하면서 수원성 건축에 필요한 성제(城制)를 작성하는 한편, 여러 가지 기구를 고안하여 실학 사상을 실천하였다는 점이다. 여기서는 다산의 이러한 면모에 대해 간단히 알아보기로 하겠다.

수원성을 계획할 당시에 다산은 규장각에 근무하는 젊은 학자였다. 그는 당시 풍미되던 북학의 영향을 받아 서학(西學)에 관심을 갖게 되었으며, 규장각에 소장된 한역 서양 과학기술 서적을

기술 문화의 형성과 발전

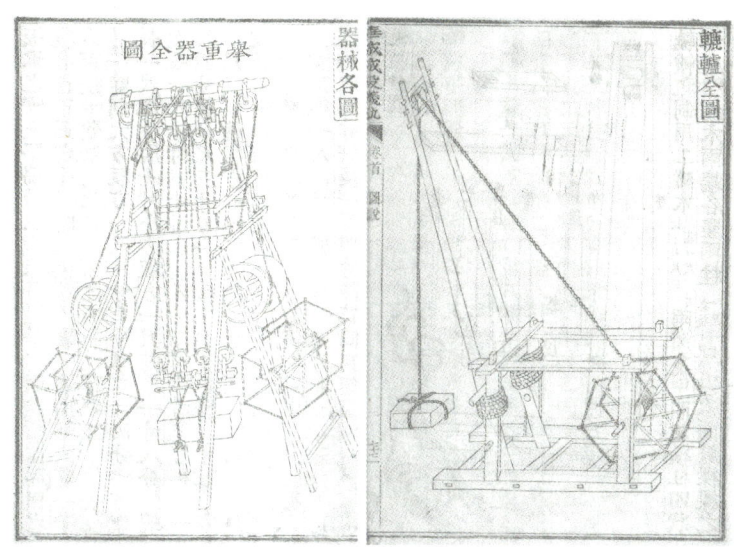

┃거중기전도와 녹로전도(《화성성역의궤》)

통하여 서양 과학기술을 접하게 되었다. 수원성의 축성 사업이 착수되자 그간의 연구를 토대로 작성한 축성 제도를 정조에게 제출하였다. 이것은 모두 7편으로 구성되어 있는데 성설(城說), 옹성(甕城)도설, 포루(砲樓)도설, 현안(懸眼)도설, 누조(漏槽)도설, 기중(起重)도설, 총설(總說) 이다. 이 보고서의 내용은 성의 기본적인 형태와 규모, 전쟁 시 각종 방어 시설, 그리고 축성 공사에 관련된 공사 방법 등을 기록한 것이다. 이 설계도는 전통적인 축성 방법이 아닌 새로운 내용들이 많이 들어 있으며, 새로운 축성 장비와 기구들이 다수 포함되어 있는 설계·연구보고서이다. 이와 같은 축성 제도가 담고 있는 내용들은 규장각에 소장된 중국 도서를 참고하지 않으면 고안할 수 없는 사항들이 대부분이다. 즉 규장각은 완벽한 연구를 위해서 필수적인 완비된 도서관과 자료 센터, 그리고 연구소 역할을 해낸 셈이다.

다산이 고안한 대표적인 운반 장비가 거중기(擧重機)이다. 이것은 다음 그림에서와 같이 여러 개의 운동 도르레(滑車)를 이용하여 무거운 물체를 들어올리는 장비이다. 다산은 규장각에 소장된 요한 슈렉(중국명 鄧玉函)이 지은 《원서기기도설(遠西奇器圖說)》을 참고하여 새로운 기기를 고안한 것으로 보인다. 그의 설명에 따르면, " 활차가 무거운 물건을 움직이는 데 편리한 점이 두 가지가 있다. 하나는 힘을 더는 것이요, 다른 하나는 무거운 물건을 떨어뜨리지 않는 것이다. 100근짜리 물건을 드는 데는 100근의 힘이 필요하지만 활차 한 개를 쓰면 50근, 2개를 쓰면 25근의 힘만 들이면 된다. 같은 이치로 활차의 수가 늘어나면 힘은 비례하여 덜 들게 된다. 지금 상하 8륜이면 힘은 25배를 얻을 수 있다." 여기에다 "녹로(고정 도르레)라는 밧줄 감는 장치를 덧붙이면 40근의 힘으로 2만 5천근의 무게도 능히 들 수 있다."고 하였다. 이처럼 다산은 중국과 서양의 과학기술을 활용하여 백성들의 힘도 덜어주고 공사의 효율을 높일 수 있는 거중기를 고안하고, 배다리를 건설하여 도강의 편리를 도모하였다. 이는 상공흥사(商工興事)로서, 위민(爲民)하는 실학자로서, 또한 과학기술자로서 소임을 다한 것이라 칭송하지 않을 수 없다.

기술 문화의 형성과 발전

박규수와 남병철의 과학기술 활동

남병철의 《의기집설(儀器輯說)》

《의기집설(儀器輯說)》은 서양 과학기술에 대한 지식을 바탕으로 남병철(南秉哲, 1817~1863)이 편찬한 천문·계시의기의 제작법과 사용법을 다룬 책이다. 이 책은 상하 2권 2책으로, 상권은 혼천의, 하권은 혼개통헌의를 비롯하여 간평의, 험시의, 적도고일귀의, 혼평의, 지구의, 구진천추합의, 양경규일의, 양도의의 제작과 사용법으로 구성되어 있다. 남병철은 천문 관련 문헌을 단순히 선집하는 데 그치지 않고 필요에 따라서는 일련의 관련 문헌을 선택적으로 집록하여 해설을 덧붙였을 뿐 아니라 몇 가지 의기는 독창적으로 발명하였다.

이 책은 조선시대 후기를 대표하는 과학기기 관련저술로서 이 책을 통하여 19세기 후반기 조선의 천문과학과 의기제작기술을 가늠할 수 있다(원본은 국립중앙도서관을 비롯하여 서울대학교 규장각에 소장되어 있다). 상권은 목록 앞 뒤 1쪽과 혼천의 앞 뒤 53쪽으로 되어있으며, 서문이나 발문이 없어 정확한 간행 시기를 알 수 없는데 대략 1850년대 중·후기에 편찬되었을 것으로 추정된다. 하권은 앞 뒤 63쪽이며, 여기에 수록된 내용 가운데 혼평의, 지구의는 박규수가, 양경규일의는 이상혁이, 양도의는 남병길이 만든 것을 모아 정리하였다.

남병철은 아우 남병길(南秉吉, 1820~1869)과 함께 19세기 한국의 가장 뛰어난 과학자로 평가되는 인물이다. 그는 천문 수학에 관한 저술을 다수 남겼는데, 앞서 말한 바와 같이 혼천의 등 천문 의기의 제작법과 사용법을 설명한 《의기집설(儀器輯說)》, 2차 방정식의 해법인 천원술(天元術)을 해설한 《해경세초해(海鏡細草解)》, 시헌력의 천문 계산법에 관한 해설서인 《추보속해(推步續解)》는 그 중 대표적인 것들이다. 그럼에도 불구하고, 남병철이 천문 수학 분야에서 성취한 업적을 본격적으로 해명하면서 한국 과학사에서의 의의를 온당하게 평가한 연구가 지금까지 이루어지지 못한 것은 안타까운 일이다.

이러한 사정은 남병철의 절친한 벗인 박규수(朴珪壽, 1807~1877)의 경우도 마찬가지라고 할 수 있다. 종래 박규수는 주로 19세기 후반에 활약한 저명한 정치가이자 개화 사상의 선구자로만 알려졌으며, 그 역시 남병철과 마찬가지로 천문학에 깊은 관심과 조예를 갖춘 인물이었던 사실은 거의 주목받지 못했다.

박규수는 남병철의 사후에 간행된 그의 문집 서문에서, "무릇 군자가 학문을 함에 있어서 어떤 분야를 택하여 깊이 연구할 것인가는 역시 각자 그 뜻을 둔 바와 재능상의 장점에 따를 것이지만, 공(公, 남병철을 가르킴)과 나는 그 기호와 취미가 같지 않음이 없었으므로 공을 깊이 아는 자로 나만한 사람이 없으리라 은근히 자부했다"고 술회하였다. 이는 두 사람이 천문과학을 비롯한 학술 방면에서 얼마나 가까운 사이였던가를 단적으로 말해주는 것이다. 실제로 남병철의 《의기집설》을 보면, 혼천의 등 모두 10종의 천문

의기를 논하는 가운데 박규수가 창제한 의기라고 밝히면서 혼평의(渾平儀)와 지구의(地球儀)를 소개하고 있다. 또한 박규수의 문집인《환재집(瓛齋集)》에도 남병철과 학문을 논한 편지와 중국 인사들에게 조선의 뛰어난 학자로서 남병철을 소개한 편지가 여러 통 수록되어 있다.

남병철은 불과 46세로 생을 마쳤기 때문에《의기집설》외에는 이 책에 수록된 의기와 관련된 자료를 남긴 것이 별로 없다. 그에 비해 박규수의 경우는 손수 제작했다는 평혼의(즉 혼평의)와 간평의가 현재까지 후손가(대전 박찬우 가)에 전해지며 지세의(즉 지구의)에 관해 자세히 해설한〈지세의(地勢儀銘)〉란 글을 남기고 있는 등 자료 사정이 다소 나은 편이다. 그러므로 여기에서는《의기집설》과 아울러 박규수 쪽의 자료에 주로 의거하여 그가 만든 4종의 과학기구를 중심으로 논의를 전개하고자 한다.

남병철과 박규수의 학문적 교유

박규수는 제너럴 셔먼호 사건(1866년)이나 강화도조약 체결(1876년)과 같이 역사적으로 중요한 사건들에 깊이 관여했기 때문에 그의 생애와 활동에 대해서는 비교적 널리 알려져 있다. 그런데 그에 못지 않게 헌종과 철종 양 대에 걸쳐 조정에서 활약했을 뿐 아니라 천문, 수학을 비롯한 다방면에서 당대의 유수한 학자였던 남병철의 존재는 오늘날 거의 잊혀지다시피 한 실정이다.

노론 명가의 하나인 의령 남씨 가문에서 태어난 남병철은 1837

년(헌종 3년)에 문과에 급제한 이후 출세 가도를 달려 도승지, 대사성, 예조참의, 이조 참의, 부제학 등을 역임했다. 헌종은 동서지간이라 하여 그를 특별히 총애하고 '규재(圭齋)'라는 호를 하사하기까지 했다. 헌종이 승하한 후 1850년(철종 1년) 다시 중앙 관직으로 복귀하여 직제학, 예조참판, 형조참판, 홍문관 및 예문관 제학 등을 지냈으며, 이후에 예조, 공조, 형조, 병조, 이조의 판서를 두루 거치고, 홍문관 및 예문관의 대제학과 한성부윤, 수원유수 등을 지냈다. 남병철은 1862년(철종 13년) 발병하여 요양하다가 이듬해 타계했다. 사후에 '문정(文貞)'이라는 시호가 내렸다. 묘는 경기도 남양주시 별내면 청학 1리에 있다.

남병철의 사후에 그의 문집인 《규재유고(圭齋遺藁)》 6권 3책이 간행되었다. 그 서문에서 윤정현(尹定鉉, 1793~1874)은 남병철이 "산수도 경학의 한 분야"라고 생각하고 우선적으로 그 연구에 종사하여, "신비하고 미묘한 경지에 도달해서 미증유의 이치를 터득했다"고 칭송했다. 신석희(申錫禧, 1808~1873)도 남병철이 "수학과 천문 역법에 관한 책을 깊이 연구하여 오묘한 비밀을 밝혀 냈으며, 당시 사람들이 강구해도 알아내지 못한 것을 투시하고 옛사람들이 미처 보지 못한 경지까지 논파했다"고 예찬했다. 김상현(金尙鉉, 1811~1890) 역시 남병철이 "해와 달이 운행하여 일식 월식을 낳는 법칙과, 구고(勾股)의 해법에 있어 강진수(江愼修, 청대의 고증학자 江永)나 이경재(李敬齋, 원대의 수학자 李冶)의 저술이 미처 갖추지 못한 내용까지 밝혀 내었다"고 평하면서, "천문 역법에 대한 공의 학문이 이와 같으니, 공을 통유(通儒)라고 불러도 좋을 것"이라 칭찬했다. 남병철이 천문 수학 분야에서 당대 최고의 학자로 평가되고 있었음은 이상의 기록만으로도 넉넉히 짐작할 수 있을 것이다.

그런데 남병철과 박규수가 언제부터 학문적으로 교유하게 되었는지는 분명하지 않다. 남병길은 그의 형이 "중년에 상수지학(象數之學)에 몰두하여 책들을 널리 섭렵하고 심오한 내용을 정확하게 깨우쳐 해설을 편찬하여 책을 만들었으니, 진실로 역산가의 지침이다"라고 하였다. 남병철이 그의 중년에 해당하는 1850년대에 천문 수학 연구에 전념하여 《의기집설》등을 저술했다는 것이다. 한편 박규수가 천문 관측에 관심을 가진 사실은 1850년 평안도 용강현령 재직시에 쓴 편지에서 처음 확인된다. 벗 윤종의(尹宗儀, 1805~1886)에게 보낸 이 편지에서 박규수는 동지일에 용강의 북극고도(곧 위도)를 측정하여 한양보다 2도 높은 39도 반강(12분의 7도)임을 알았으며, 따라서 겨울과 여름의 낮시간이 1각(15분)이 차이날 터이지만 아직 확인해 보지 못했다고 하였다.

이로 미루어 보면, 남병철과 박규수는 늦어도 1850년대 초 무렵부터 천문학에 대한 관심을 공유하면서 우정을 다져 나갔던 것이 아닌가 한다. 이 점은 용강현령에 이어 전라도 부안현감으로 부임한 박규수가 경오년 연말(1851년 1월)에 아우 박선수(朴瑄壽)에게 보낸 편지를 통해서도 입증될 수 있다.

이곳(부안)의 북극 고도는 한양에 비해 2도쯤 낮다. 그런즉 남극 노인성을 볼 수 있다. 그러나 관측하기에 시간이 많이 걸린다. 바닷가라 구름이 끼어 날씨가 맑은 저녁이 거의 없다. 대한날 밤 해정(밤 10시)이 되어서야 마침내 볼 수 있었다. 크기는 북두성 중의 가장 큰 별과 같았다. 색깔은 짙은 황색 내지 옅은 적색이고, 번쩍이는 광망은 없었지만 밝은 한 덩이 별이 환하게 빛났다. 지평에서 한 길도 되지 않는 높이에 떴다가는 곧 져버렸다. 아마도 험준한 언덕이나 산이 없는 지세이고, 구름으로 덮히지 않은 날씨라야 볼 수 있을 것이다. 이곳은 북극 고도가 낮다지만, 다행히 남방에 높은 산이 없으므로 보인 것이다. 비록 이웃의 여러 고을이라 해도 곳곳마다 다 보이지는 않을 것이다. 대개 한라산 정상에서는 춘분 밤에 볼 수 있다는 말이 있지만, 내가 지금 부안의 동헌에서 대한날 밤에 보니 일이 몹시 과장된 듯싶다. 그러나 속인들에게 말해서는 안 될 것이다. 아마 우리 아우와 벗 연재와 규재는 확신하겠지만, 그 밖의 사람들은 꼭 믿지는 않을 것이니 말들만 많아질 터이므로 번다하게 이야기하지 않는 것이 좋겠다.

박규수가 대한날(12월 19일, 양력 1851년 1월 20일) 밤 10시에 관측에 성공했다는 노인성은 남방 7수 중 정수(井宿)에 속하는 별로서, 서양의 별자리로는 용골좌(Carina)의 알파성이고, 항성으로서의 전명은 카노푸스(Canopus)이다. 1등성에 속하지만 남극 가까이 있어 우리 나라에서는 관측하기가 매우 힘들다. 노인성 관측의 성공을 박선수, 윤종의와 아울러 남병철만은 믿어줄 것이라 말한 편지 내용에서 당시 박규수와 남병철의 두터운 학문적 우정을 엿볼 수 있다.

남병철이 타계할 때까지 두 사람의 학문적 교유는 변함없이 지속되었다. 1861년 박규수는 북경 연행을 다녀오면서 청국의 정세 등을 남병철에게 전했으며, 그에게서 새로 지은 서적을 빌리기도 하고, 중국학자들의 저술에 관해 의견을 교환하기도 했다. 뿐만 아니라 박규수는 북경에서 교분을 맺은 중국학자들에게 남병철을 널리 소개하고자 했다.

1863년 남병철이 타계하자 박규수는 왕헌에게 편지를 보내 비보를 전하면서, 《의기집설》 등 천문 수학에 관한 그의 대표적 저서 3종을 왕헌에게 보내 중국 학계에 널리 소개하고자 했다. 이처럼 박규수의 적극적인 노력으로 중국에까지 남병철의 학문적 업적이 알려지게 된 것은, 두 사람의 우정을 말해주는 미담일 뿐만 아니라 19세기 한중 과학 교류역사에서 주목할 만한 사건의 하나라고 하겠다.

평혼의

1850년대 초에 박규수는 용강의 북극 고도를 측정하고 노인성을 관찰하는 등 천문 관측에 몰두했다. 그런데 아마 그 무렵 박규수는 그와 같은 관측을 위해 천문 의기를 손수 만들기도 했던 것으로 추측된다. 남병철의 《의기집설》과 박선수가 지은 행장을 보면, 그가 제작한 천문의기로 평혼의와 지세의를 들고 있다. 그리고 현재 후손가에는 그가 손수 제작한 평혼의와 간평의가 전하고 있다. 그 중 먼저 평혼의에 대해 살펴보기로 한다.

평혼의(平渾儀)는 동양의 전통적인 천구의인 혼천의를 간편화한 기구로서, 종래 혼천의에서 하늘을 혼원(입체화된 원)으로 나타내던 것을 평원(평면의 원)으로 나타내고 거기에다 총성도를 표시한 것이다. 남병철은 이를 '혼평의'라고 부르면서, "이 의기는 벗 박환경(桓卿은 박규수의 字)이 제작했다"고 밝히고 있다.

박규수가 만든 평혼의는 겉에 "平渾儀 瓛堂手製 簡平儀 小本 附"라 쓰여진 종이 케이스 안에 들어 있는데, 판지로 만들어진 지름 34.4cm의 원반이다. 북반구의 하늘을 표시한 북면과, 남반구의 하늘을 표시한 남면의 양면으로 되어 있다. 각 면은 양극이 원심이 되고 적도가 원주로 된다. 또한 남북 양면은 각각 상하 2개의 원반으로 이루어져 있다. 그 중 하반은 회전하도록 되어 있으며, 반면에 경도 위도 및 황도가 선으로 표시되어 있고, 북면의 하반에는 북반구의 별들(6등급 이상 총성)이, 남면의 하반에는 남반구의 별들(6등급 이상 총성)이 표시되어 있다.

남북 양면의 상반은 적도규(赤道規)와 지평호(地平弧)와 몽영호(朦影弧)로 이루어져 있으며, 그 외 부분은 제거되어 하반이 잘 드러나 보이도록 되어 있다. 상반의 내원에 해당하는 적도규에는 시간(12시)이 각(刻, 15분) 단위로, 주천도수(360도)가 10도 단위로 눈금이 표시되어 있다. 북면 상반의 적도규를 보면, '천중' 좌우에

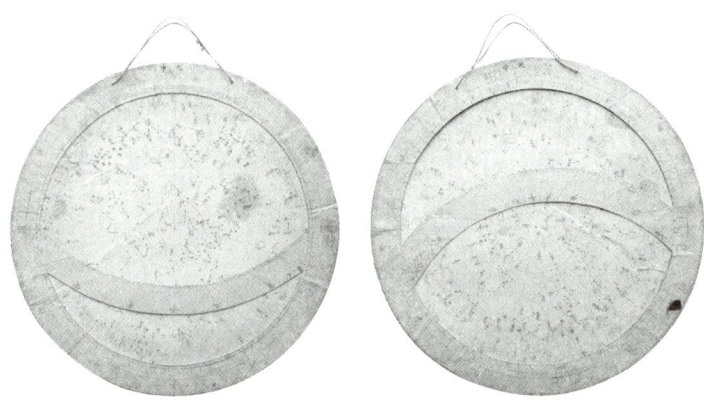

▎평혼의(왼쪽 : 북면, 오른쪽 : 남면)

"天行每一刻差三度四分度之三 一時八刻爲三十度 四刻爲十五度"라 쓰여 있다. 하늘은 1각(15분)에 3.75도, 1시 즉 8각(2시간)에 30도, 4각(1시간)에 15도 회전한다는 뜻이다.

지평호는 관측하는 지역의 지평선을 곡선으로 표시한 것인데, 여기에도 시간이 눈금 표시되어 있다. 또한 지평호는 특정 지역의 북극 고도에 맞추어 고정되어 있다. 몽영호는 해뜨기 직전이나 해가 진 직후 지평선상 고도 18도 이내에 나타나는 밝은 빛인 몽영의 한계를 곡선으로 표시한 것이다.

이상과 같은 평혼의의 구조는 《의기집설》에서 자세히 설명한 그 제작법과 거의 합치한다. 단 《의기집설》의 설명에 따르면 원반을 놋쇠로 만든다고 했으나 판지로 대체되었고 하반에 24절기가 표시되어 있지 않은 점, 적도규가 있는 남면 중심에 관측용 망통

전통 속의 첨단 공학기술

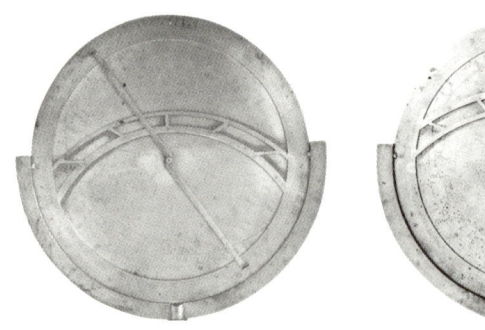

덕수궁 궁중유물전시관에 전시된 평혼의(위 : 북면, 오른쪽 : 남면)

인 규형이 부착되어 있지 않고 평혼의를 안치하는 구고목좌가 없는 점 등이 다를 뿐이다. 이 평혼의를 그에 딸린 규형 및 규표(해시계)와 함께 사용하여 관측하면, 해당 지역의 낮 시각과 밤 시각, 절기마다 지평선상에 보이는 총성과 중성(天中을 지나는 별)을 알 수 있으며, 중성으로 시각을 알거나 시각으로 중성을 알 수 있다고 한다. 따라서 평혼의는 박규수가 부안에서 노인성을 관측할 때 사용했음직한 의기라 할 수 있다.

덕수궁의 궁중유물 전시관에는 바로 이 평혼의가 '놋쇠 남·북반구 별자리판(黃銅南北半球星座版)'라는 이름으로 전시되어 있다. 지름 34cm의 놋쇠 원반에 별자리 등을 정교하게 새긴 가공 기술과, 구고목좌(받침대)를 포함한 전체 높이 77.5cm의 이 의기를 제작하는 데 소요되었을 경비 등을 감안하면, 덕수궁에 있는 평혼의는 고위 관직에 있던 남병철의 주도 아래 관청에서 제작한 것으로 추측된다. 그리고 그 제작 시기는 그가 박규수와 함께 천문 관측과 의기 제작에 몰두했던 1850년대를 벗어나지 않을 것으로 본다.

간평의

간평의(簡平儀)는 혼원인 천체를 평원으로 나타낸 점에서 평혼의와 마찬가지로 혼천의를 간편화한 의기라 할 수 있다. 명말에 예수회 신부 우르시스(S. de Ursis, 熊三拔)가 처음 만들었다. 1611년에 저술된 《간평의설(簡平儀說)》은 우르시스가 강설한 것을 서광계(徐光啓)가 기록한 것인데, 간평의의 '명수' 즉 주요 부분의 명칭과 수치를 12개 단락(12칙)으로, 그 '용법'을 13개 항목(13수)으로 나누어 자세히 해설하고 있다. 오늘날 그 실물은 전하지 않지만, 수산각총서본(守山閣叢書本) 《간평의설》에는 제요 및 서문에 이어, 간평의의 천반(하반)과 지반(상반)을 소묘한 〈간평의설도(簡平儀說圖)〉가 실려 있어 원 모습을 대강 짐작할 수 있다. 뿐만 아니라 우르시스의 저술들에 다분히 영향받은 디아스(E. Diaz, 陽瑪諾)의 《천문략(天問略)》을 보면, 절기에 따라 낮밤의 길이와 일출 일몰 시각이 다른 까닭을 해당 지역의 남·북극 고도 차이로 설명하면서, 적도와 북위 40도, 북위 32.5도, 북극의 4가지 경우로 나누어 도해하고 있는데, 이 도해들 역시 우르시스의 간평의를 재현한 것으로 짐작된다.

남병철의 《의기집설》 중 〈간평의설〉은 총론으로 《사고전서총목제요(四庫全書總目提要)》의 〈간평의설〉을 서두에 전재하고, 그 본

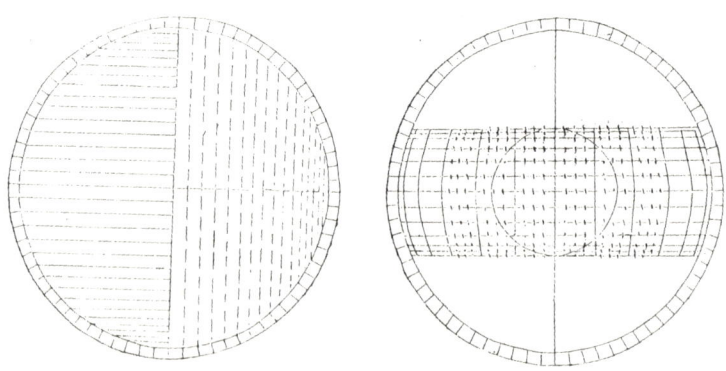

수산각총서본(守山閣叢書本) 『간평의설』 중 간평의설도(簡平儀說圖).
왼쪽 : 천반, 오른쪽 : 지반

론격인 간평의의 '제법'과 '용법' 부분은 대체로 우르시스의《간평의설》을 축약하여 서술한 것이다. 그런데 우르시스의 간평의와의 차이점도 밝히고 있는 점으로 미루어, 남병철의 해설에 따른 간평의는 우르시스의 간평의를 더욱 간편하도록 일부 개량한 의기였을 것이다.

박규수가 만든 간평의는 평혼의와 마찬가지로 판지로 된 지름 34.3cm의 원반이다. 그 한쪽 면이 디아스의《천문략》에 제시된 도해와 흡사한 점을 보면, 박규수는 우르시스의《간평의설》등을 참조하여 이 의기를 만든 것이라 추측된다. 그러나 전체적으로 볼 때 박규수의 간평의는 우르시스나 남병철이 그 제법을 설명한 바와는 상당히 다르게 만들어져 있다.

원래 우르시스의 간평의는 상반과 하반으로 이루어져 있다. 반

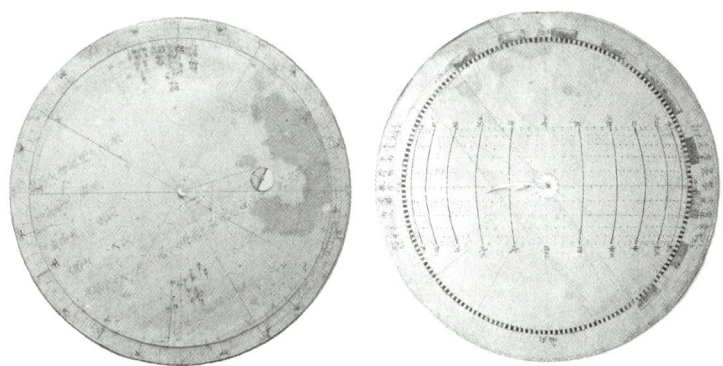

▎박규수가 만든 간평의(왼쪽 : 뒷면, 오른쪽 : 앞면)

면에 박규수의 간평의는 상하 양면으로 되어 있는데, 그 중 상면이 우르시스 간평의의 하반에 해당한다. 여기에는 북극과 남극을 잇는 극선과 적도선이 교차하여 그어져 있고, 한양의 지평선과 천정선 역시 교차하여 그어져 있다. 주천권에는 360도가 표시되어 있다. 황도권(적도에서 남북으로 각각 23.5도의 범위)에는 동지에서 하지에 이르는 24절기 선이 적도에서 멀수록 조밀하게 좌우 수직으로 표시되어 있고, 그와 교차하여 왼쪽에는 일출 시각, 오른쪽에는 일몰 시각이 표시된 12시각 선이 역시 지심(地心, 하반의 중심)에서 멀수록 조밀하게 상하 수평으로 그어져 있다. 따라서 박규수의 간평의 상면은 우르시스나 남병철이 설명한 간평의의 하반과 대체로 합치한다. 단 우르시스의 경우처럼 하반이 '방면' 즉 사각형이 아니고 원형이며, 규표도 설치되어 있지 않다.

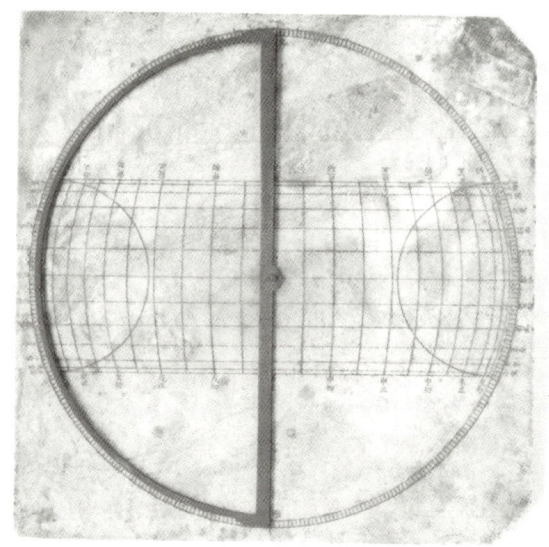

| 석제절기표판(石製節氣表板) 국립민속박물관 소장

 이러한 박규수의 간평의와 비교할 때 현재 국립민속박물관에 소장되어 있는 '석제절기표판(石製節氣表版)'은 우르시스의 간평의와 더욱 합치하는 의기라고 볼 수 있다. 이것은 앞서 언급한 덕수궁의 평혼의와 마찬가지로 남병철과 같이 천문의기에 밝은 고위 인사의 주도로 관에서 제작되었을 가능성이 크다고 하겠다.
 우르시스와 남병철의 설명에 의하면, 간평의에는 일궤고도(황도상에서 해가 시운동하는 도수), 절기에 따른 일전(해의 시운동)의 황도와 적도 간 거리, 남·북극의 고도, 각 절기의 낮밤 길이와 일출일몰 시각 등을 측정할 수 있으며, 지구가 둥글다는 "지원지리"를

논증할 수 있는 등 13가지의 용법이 있다고 한다. 그러나 박규수의 간평의는 상반이 없고 한양의 지평선으로 고정되어 있으며, 수선과 규표가 없으므로, 이를 통해서는 한양의 각 절기의 낮밤 길이와 일출 일몰 시각 정도를 측정할 수 있었을 것이다.

한편 박규수가 만든 간평의의 하면은 우르시스나 남병철의 설명과 무관하게 제작된 것으로 보인다. 이것은 24절기와 12시 및 주천도수를 표시한 하반에다, 위도와 경도가 선으로 표시되어 있으며 회전할 수 있도록 된 그보다 조금 작은 상반을 얹어 놓은 것이다.

이러한 특징들로 미루어, 간평의의 하면은 조선과 중국 등 각 지역의 주야 교체와 일출 일몰 시각 따위를 비교하기 위한 장치로 추측되지만, 그 정확한 용도에 관해서는 앞으로 좀더 연구가 필요하다.

이와 같이 박규수가 간평의를 제작하고 남병철이 《의기집설》에서 그에 관해 논하기 전에 이미 홍대용이 간평의의 한국판이라 할 수 있는 측관의(測管儀)를 거론한 바 있다는 사실을 덧붙인다. 이 측관의는 일찍이 홍대용이 서학의 영향 아래 입체로 된 종래의 혼천의를 평면 의기로 변개한 것이었다. 그럼에도 불구하고 박규수나 남병철의 저술에서는 전혀 언급되지 않았는데, 이것은 홍대용이 우르시스의 《간평의설》 등을 상당 부분 참조하여 이 의기를 제작했으면서도 '측관의'라는 독자적인 명칭을 붙인 탓에 후인의 관심을 끌지 못했던 때문이 아닌가 한다.

지세의

지세의(地勢儀)는 땅의 도수와 아울러 하늘의 도수를 관측할 수 있도록 한 것이다. 박규수가 지세의를 만들고 나서 그 구조와 기능을 해설한 〈지세의명(地勢儀銘)〉이란 글은 《환재집》뿐 아니라 윤종의의 《벽위신편(闢衛新編)》과 남병철의 《의기집설》에도 수록되어 있다. 이는 지세의의 제작이 박규수와 그의 벗들 사이에서 얼마나 큰 관심사였나를 말해준다.

박규수가 제작한 지세의는 오늘날 전하지 않는다. 만년의 박규수는 김옥균(金玉均)이 방문하자 조부 연암 박지원이 중국에서 구해 온 지구의를 돌려 보이면서, '어느 나라든지 中으로 돌리면 중국이 된다'고 하여 화이사상에서 깨어나게 했다는 일화가 전한다.(신채호, "地動說의 효력", 「丹齋申采浩全集」 하, 형설출판사, 1987) 그러나 지동설을 소개하여 중국인들을 놀라게 한 연암이 도리어 중국에서 지구의를 구해 왔다는 것은 믿기 어려우며, 문제의 '지구의'는 아마 박규수가 손수 제작한 지세의였을 것이다. 비록 야담에 가까운 이야기이기는 하나, 이 일화는 지세의가 박규수의 만년까지 보존되어 훗날 개화파를 형성하는 청년들에게 계몽의 도구로 활용되었을 가능성을 시사하는 것이라 하겠다. 그러므로 이에 관해 제작자 자신이 해설한 〈지세의명〉을 위주로 하고, 남병철의 《지구의설》을 참조하여 그 구조와 기능을 추정해 보고자 한다.

지세의의 제작에서 첫째로 중요 작업은 구체의 표면에다 세계 지리를 표시하는 일이다. 위원(魏源)의 《해국도지》에 의거하여, 경

기술 문화의 형성과 발전

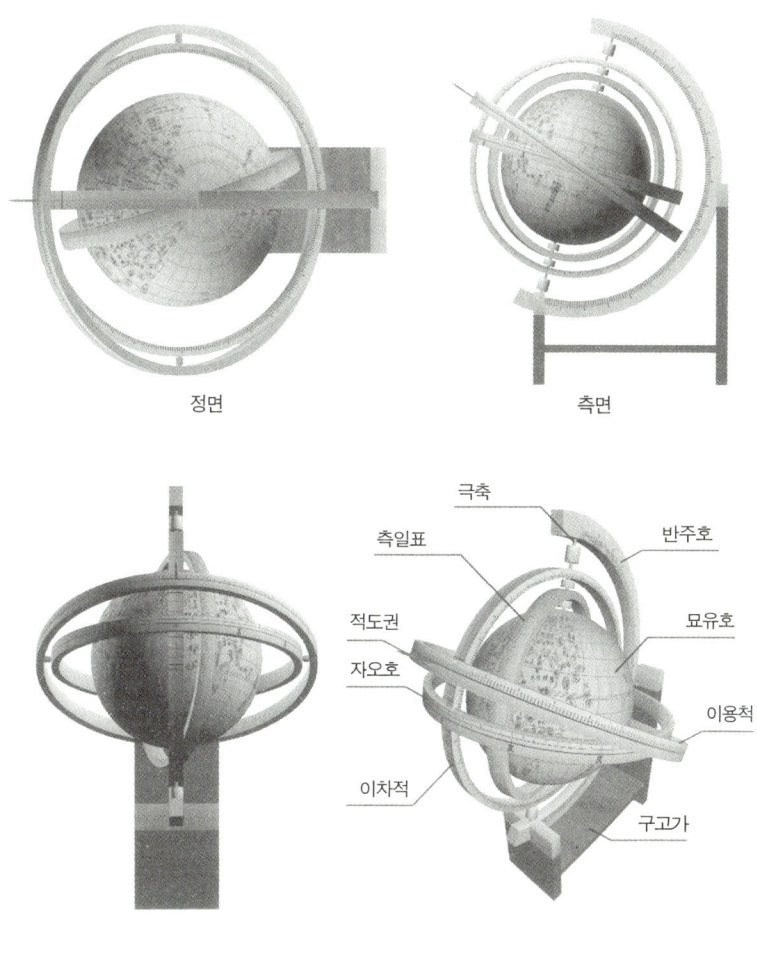

정면　　　　　　　　　　　측면

평면　　　　　　　　　　부품 명칭

남병철의 지구의 복원도(모델링 : 건국대학교 김지인 교수와 이준)

도와 위도를 표시하고 강과 바다와 구릉을 두루 배치함으로써 대지의 전체를 나타낸다. 그 위에 나라와 지역을 나열하고 명칭을 표기하였다. 다음으로 남북 양극을 축으로써 관통하고, 이 축을 반주호로 받아서 구고가(삼각형 받침대)로 지탱하는데, '극출지지고하' 즉 위도에 맞추어 지구의가 남북으로 움직일 수 있도록 한다. 이러한 지구의의 바깥에 5개 원환(자오호, 묘유호, 적도권, 이차척, 이용척)이 부설되고, 해시계인 측일표가 덧붙여진다.

양극을 축으로 동서로 회전하는 자오호에는 주천도수(360도)와 아울러, 이지한(하지와 동지 사이에 해가 움직이는, 적도에서 남북으로 23.5도 되는 지역)과 기후한(이지한 내에 분포된 24 절기선)을 표시한다. 지구의의 허리 부분에는 자오호와 교차하는 적도권이 설치된다. 적도권에는 12시와 주천의 경도가 표시되며, 적도권과 자오호의 교차점에 측일표를 세운다. 적도권보다 안쪽에 있으면서 양극을 축으로 동서로 움직이며 세계 각 지역을 측정할 수 있는 이차척에는 주천의 위도가 표시된다. 이용척은 이차척과 적도권 사이에 있으며, 묘유호와 적도권의 교차점을 축으로 삼아 남북으로 움직이는데, 여기에도 주천도수가 표시된다. 이 이용척을 자오호의 이지한에 맞추면 황도권이 되고, 극출지도(위도)에 맞추면 지평권이 된다. 이것을 양극을 에워싼 23.5도 내에서 움직이면 사시빈전지표(四時賓餞之表, 사철이 변천하는 표)가 되고, 자오호의 기후한 사이에서 움직이면 일행남북지표(日行南北之表, 해가 남북으로 이행하는 표)가 되는 등 다양한 기능을 하므로, 이용척이라 한다.

기술 문화의 형성과 발전

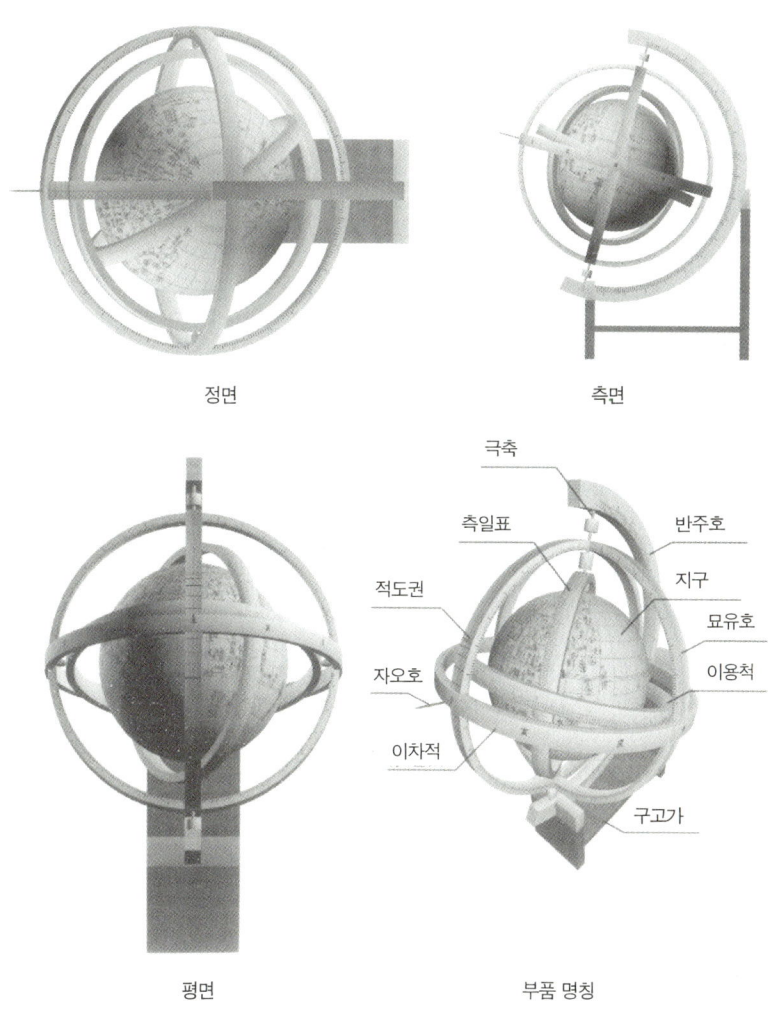

박규수의 지세의 복원도(모델링 : 건국대학교 김지인 교수와 이준)

전통 속의 첨단 공학기술

| 명대 혼천의(중국 남경천문역사박물관 소장)

 이와 같은 구조를 갖춘 지세의를 태양 아래 놓으면 '만국의 주야'를 알 수 있다. 밝은 곳은 낮이고 어두운 곳은 밤이며, 측일표의 그림자가 곧으면(즉 그림자가 없어지면) 그 지역은 정오(正午)이다. 자오호를 동서로 움직이고, 이차척으로 잰 다음, 적도권의 시각 표시를 살피면 '만국의 조안'을 알 수 있다. 이용척을 남북으로 움직여 기후한과 닿는 부분을 살피면 '만국의 한서'를 알 수 있다. 해 그림자의 길이를 측정하고, 이용척으로 잰 다음 적도의 시각 표시를 살피면, '만국의 혼신'을 알 수 있다. 또한 지구의의 출극(양극)을 상하로 움직이고, 그 정면과 배면을 돌려 가면, 사철의 낮과 밤의 길이를 금방 알 수 있다. 뿐만 아니라 지세의로 각

지방 간의 직선 거리를 측정할 수도 있다. 남북간 거리를 알고 싶으면, 이용척에서 위도를 살핀다. 그밖에 이차척과 이용척을 써서 각 지방 간의 대충 거리(지구 정반대편 거리)를 측정할 수도 있다.

박규수의 〈지세의명〉과 남병철의 〈지구의설〉을 비교해 보면, 의기의 명칭이 다를 뿐 아니라 그 구조에 대한 설명에서도 차이를 발견할 수 있다. 앞서 보았듯이 박규수의 지세의에는 자오호, 묘유호, 적도권, 이차척, 이용척의 5개 원환이 부설되어 있었으나 남병철은 그 중 묘유호를 제거하여 4개의 원환만 부설하도록 했다.

이와 같은 남병철의 개량 작업은 지세의를 더욱 간편화함과 아울러, 그 천문 관측 기능을 강화하는 방향을 취하고 있다. 박규수가 자신이 창제한 의기를 '지세의'라고 명명한 것은 그 기능으로 세계 지리에 관한 정보 제공을 중시한 때문이라 생각된다. '지세(地勢)'란 말 자체가 원래 토지나 산천의 형세를 뜻하는 지리적인 개념이다. 반면 남병철은 그보다 천문 관측 기능을 중시하고, 그에 따라 이 의기를 개량하고자 했으므로 명칭조차 '지구의'로 바꾸었던 것이 아닌가 한다.

지금까지 기술한 박규수의 지세의와 남병철의 지구의 모형을 이해하기 쉽도록 컴퓨터를 이용하여 3차원 그래픽 모형으로 시각화하고 각각 사진으로 나타내었다. 여기서 사용한 3차원 그래픽 모델링 기법은 지구의와 같이 문헌 자료만 있을 경우 이를 복원하기 위하여 종래 실물 제작에만 의존하던 방법을 탈피하여 사이버 공간에서도 이러한 작업이 가능함을 보이기 위해 시도된 것이다.

혼천의

남병철의 천문학 연구는 《의기집설》의 상권 〈혼천의〉에 나타나 있는데, 이는 조선시대 최초의 혼천의 연구서라 할 수 있다. 그가 사용한 방법은 역대 중국의 설계 개념을 섭렵한 뒤에 구조에 대하여 가장 합당한 선택을 하였고 그것은 아주 현명한 것이었다. 새로운 혼의는 5중 8권환 곧, 육합의 자오권, 천상적도권과 지평권의 3개 환과 삼진의의 삼진권, 유선적도권, 황도권의 3개 환, 재극권의 1개 환, 사유의의 1개 환을 사용하였다. 이 8개의 환은 명대 정통 4년(1439년)에 제작된 혼의의 환수와 같다.(옆의 사진 참조. 이 혼의는 중국과학원 자금산천문대 남경천문역사박물관에 소장되어 있다) 그러나 2개 혼의의 층수는 다르다. 명대의 것은 3중으로 삼진의에 2분권 하나가 많아졌으나, 남병철은 2분권 대신에 삼진의와 사유의 사이에 별도로 재극권 하나를 더하였다. 이 재극권이 더해짐으로써 2천년 중국 혼의 성능에 일대 혁신을 가져왔다. 혼천의의 부품은 자오권, 천상적도권, 삼진권, 유선적도권, 황도권, 재극권, 사유권, 지평권의 8권(圈)과 규형과 직거, 관측부품인 통광표, 측성표, 지시도표가 사유권에 부속되어 있다.

이와 같은 남병철의 5층 8권 이론을 바탕으로 다음과 같이 새로운 혼천의의 모델을 구성하였다(사진 참조). 다음 사진은 구성된 모델로 황도경위도 측정과 지평경위도를 측정할 때의 혼천의 각 권의 배치의 변화를 나타낸 것이다.

남병철의 혼천의는 옛날부터 내려오는 중국의 여러 혼천의를

┃재구성된 남병철의 혼천의 모델(모델링 : 충북대학교 이용삼 교수와 김상혁)

구조와 기능을 새롭게 추가하여 혼천의의 제작기술을 집약시켜 만든 하나의 발명품이다. 조선시대에는 17세기 이래로 서양역법을 바탕으로 한 시헌력(時憲曆)을 받아들이면서 종래의 혼천의 제작에도 서양과학의 영향을 받게 되었고 전시용과 관측용 혼천의가 여러 가지 제작되었다. 19세기 중반에 남병철은 역대 중국 혼천의를 섭렵하고 혼천의 역사에 일대 혁신을 가져온 새로운 혼의를 설계·제작한 것이다. 그는 실사구시 정신에 입각하여 당시 중국을 통해 들어오는 서양과학기술을 수용하는 데 많은 노력을 기울여 그의 친구인 박규수, 동생인 남병길(적도의 발명), 수학자인 이상혁(양경규일 발명) 등과 더불어 혼천의와 혼평의, 지구의, 간평의 등 천문관측기구를 개량하였고, 양경규일의를 비롯한 해시계와 험시의를 비롯한 기계시계를 창안하기도 하였다.

전통 속의 첨단 공학기술

▌황도경위도 측정시(좌)와 지평경위도 측정시(우). 모델링 : 충북대학교 이용삼 교수와 김상혁

　남병철은 특히 중국 역대의 혼천의의 결함을 보완할 수 있는 재극권을 설치하여 적극, 황극, 천정을 축으로 삼고 3가지 좌표를 하나로 합쳐 필요에 따라 극축을 선택할 수 있는 신식 혼의를 발명하였는데 이는 중국 역대 혼천의 제작사의 일대혁신으로 평가되고 있다. 이는 하나의 의기가 여러 가지 기능을 갖도록 교묘하게 설계한 것으로 적도경위의, 황도경위의, 지평경위의라는 3가지 기능을 동시에 갖춘 것이다. 이것은 혼천의 제법의 역사에 있어서 커다란 기술 혁신으로서 동아시아 혼천의 제작사에 커다란 발자취를 남긴 것은 틀림없는 사실이다.
　이와 유사한 기능을 갖는 것으로 청대에 제작된 삼진공귀의(三辰公晷儀)가 있으나(사진 참조) 이 의기로는 천체의 적도경위도와 지평경위도는 측정할 수는 있으나 황도경위도를 측정할 수는 없

▎삼진공귀의(북경고궁박물원 소장)

다. 남병철은 삼진공귀의에서 어떤 계시나 힌트를 얻을 수도 있었 겠으나 삼진공귀의에서 황도좌표 문제는 끝내 해결되지 못한 상황에서 독자적인 노력에 의해 결국 해결을 보게 된 것이다. 이는 한국 혼천의 역사의 개가임은 물론 동아시아 혼의 제작사의 개가라 할 수 있다.

기술문화의 대중화를 위한 제언

　우리 한민족은 구석기와 신석기, 그리고 청동기와 철기 문화를 발전시킨 민족으로 지난 반만 년에 걸쳐 발전시킨 과학기술과 문화유산을 간직하고 있다. 아울러 1960년대 이래로 산업화 과정을 거치면서 개발한 수많은 현대 과학기술 자산을 보유하게 되었다.
　바로 이와 같은 산업기술 관련 자산과 문화유산은 한민족의 정체성을 이루는 토대이며, 다음 세기에 한민족의 번영을 보장하는 열쇠가 될 것이다. 따라서 현재 우리에겐 이들을 보다 체계적으로 조사해서 발굴하고 보존하여 후세에 전달해야 할 중차대한 의무가 주어져 있다. 특히 한민족 고유의 과학기술 발전 과정에 대한 구체적이고 체계적인 조사와 정리가 이루어져 알게 모르게 소실된 문화유산을 복원하는 사업이 반드시 필요하다. 이것은 우리의 정체성을 확인하고 국제적인 위상을 높이는 일일 뿐만 아니라 앞으로 국가의 기술 개발 정책을 수립하는 데 기초를 제공하고, 국제적인 기술 문화의 이전에 기여할 것이다. 따라서 이러한 목표를 달성하기 위하여 이미 언급한 사업을 주관하게 될 교육 연구기관으로서 산업기술박물관의 설립은 오늘 우리에게 주어진 지상의 과제라 하겠다.

유구한 산업기술의 역사를 갖고 있는 우리는 근대적인 의미의 기술을 서구 문물과의 접촉이 시작된 19세기 후반에 들어와서야 인식하기 시작하였다. 일제 식민지 시대를 거치면서 전력, 철도를 비롯해 국가 기간 산업망 구축이 일부나마 이루어졌으며 제철, 기계, 화학공업을 비롯한 공업기술 발달로 인하여 산업화의 바탕이 갖추어졌다. 그러나 본격적인 산업기술의 발달은 1960년대 초반 정부의 경제사회개발5개년계획의 시행과 더불어 시작되었다. 이처럼 우리 나라의 산업화는 선진국에 비해 늦게 시작되었지만 비교적 짧은 시일에 괄목할 만한 성장을 이루었다. 그러나 오늘날의 사회는 바야흐로 산업사회에서 정보사회로 이전하고 있다. 공업기술이 주관하고 있던 제조업 분야는 설 자리를 잃어가고 있는 실정이며, 지난날 우리 경제를 이끌어 왔던 공업 단지들은 정보시대에 대비하기 위하여 이미지 개선이 필요한 시점에 와 있다. 최근 일부 계층의 과학기술에 대한 관심 저하, 첨단기술개발 인력의 부족과 편중 현상, 나아가서는 과학기술 발전과 생활화에 대한 국민의 인식 부족 현상은 장래의 계속적인 기술 발전에 대한 우려를 자아내고 있다. 우리 나라의 산업기술이 지속적인 발전을 유지하기 위해서는 앞서 언급한 바와 같이 지난날 우리가 이룩한 산업기술의 발자취를 밝혀 미래의 기술 개발에 활용해야 한다.

참고문헌

강재언 지음, 이규수 옮김, 「서양과 조선 그 이문화 격투의 역사」, 학고재, 1998
국립중앙과학관 편, 「겨레과학의 발자취 -유물로 풀어보는 전통과학기술」, 국립중앙과학관, 1994
김동욱 글, 손재식 사진, 「수원성」, 대원사, 1989
김명호, 〈헌齋叢書解題〉, 《환재총서》 성균관대 대동문화연구원, 1996
김용운, 김용국, 「동양의 과학과 사상」, 일지사, 1984
나일성, 「한국천문학사」, 서울대학교출판부, 2000
남문현, 「한국의 물시계」, 건국대출판부, 1995
남천우, 「유물의 재발견」, 정음사, 1987
리용태, 「우리 나라 중세과학기술사」, 백산 자료원, 1991
문중양, 「조선후기 수리학과 수리담론」, 집문당, 2000
박성래, 「한국인의 과학정신」, 평민사, 1993
박성래, 「한국사에도 과학이 있는가」, 교보문고, 1998
손영식, 이응준, 최진연, 「전통 과학 건축」, 대원사, 1995
이기백 편, 「조선시대의 과학기술」, 〈한국사 시민강좌〉 16집, 일조각, 1995
이기백 편, 「한국의 문화유산, 왜 자랑스러운가」, 〈한국사 시민강좌〉 23집, 일조각, 1998
이기백, 「한국사신론」, 일조각, 1999
이종호, 「과학이 있는 우리 문화유산」, 컬쳐라인, 2001
전상운, 「韓國科學技術史」, 정음사, 1983
전상운, 「한국의 과학문화재」, 정음사, 1987
전상운, 「한국과학사」, 사이언스북스, 2000
정동찬 지음, 맹주석 그림, 「옛것도 첨단이다」, 민속원, 2001
정동찬, 유창영, 홍현선, 윤용현, 「현대과학으로 풀어보는 공예기술 16가지-겨레과학인 우리 공예」, 민속원, 1999
진단학회, 「한국사」 近世後期篇, 을유문화사, 1965
진단학회 편 「담헌서」, 일조각, 2001
천혜봉, 「한국 금속활자본」, 범우사, 1993

천혜봉, 손재식, 「고인쇄」, 대원사, 1989
최남인, 「과학 · 기술로 보는 한국사 열세마당」, 일빛, 1994
한국과학문화재단 편, 남문현 등 지음, 「우리의 과학문화재」, 서해문집, 1997
한국천문학사 편찬위원회 편, 「소남 유경로 선생 유고논문집」, 녹두, 1999
한영호, 이재효, 이문규, 서문호, 남문현, 「홍대용의 측관의 연구」, 〈역사학보〉 164, 1999, 125~164쪽.
한우근, 이태진, 「사료로 본 한국문화사 - 조선전기편」, 일지사, 1984
홍이섭, 「세종대왕」, 세종대왕 기념사업회, 1971
홍희유, 「조선 수공업사」, 백산 자료원, 1991
「과학기술문화재 복원 기초조사 및 설계용역 보고서」, 문화재관리국, 1992. 12
〈기술과 역사〉, 1권 1호, 한국산업기술사학회, 2000
「보루각 자격루 복원설계 용역 보고서」, 문화재관리국, 1998. 11
「세종조문화연구 II」, 한국정신문화연구원, 1984
"조선후기의 과학과 과학사상", 〈계간 과학사상〉, 범양사, 2000
徐有, 《林園十六志》贍用志 卷 4, 度量之具條
宋蘇頌, 《新儀像法要》(3권)
柳馨遠, 《磻溪隧錄》卷 1, 田制下, 周尺圖
趙斗淳, 《心庵遺稿》권24, 〈吏曹判書大提學南公秉哲神道碑銘〉
陳遵, 《中國天文學史》제2책 臺北: 明文書局, 1985
和田雄治, 《朝鮮古代觀測記錄調査報告》조선총독부, 京城, 大正 6年
《湛軒書》外集, 권6 〈籌解需用〉外編 下, 〈籠水閣儀器志〉測管儀條, 《四庫全書》子部 6, 天文算法類 1, 明 熊三拔 撰, 〈간평의설〉
《수산각총서》淸 錢熙祚, 道光年間 150
《六一齋叢書》(11책)
《철종실록》14년 7월 13일
《華城城役儀軌》

Needham et al. *The Hall of Heavenly Records*, Cambridge University Press, 1986

Rufus, W. C., *Korean Astronomy*, Trans. Korean Branch Royal Asia. Soc. vol. 26, 1936